渔情速预报关键技术与应用

——以南海外海为例

周为峰　等著

科学出版社

北　京

内 容 简 介

南海海域辽阔，拥有储量巨大的渔业资源，是中国渔民传统的作业渔场之一。有效的渔情速预报可以为渔业捕捞等渔业开发提供重要的支持，缩短探捕资源航行时间，节省燃油成本，提高生产效率。南海渔业开发急需从近海向外海转移，而外海渔业发展尚处于开发早期阶段。因此，开展南海外海的渔场速预报工作对促进南海渔业资源科学、持续、有效的开发和管理具有重要意义。

本书分析了南海主要的环境因子分布特征、南海黄鳍金枪鱼以及鸢乌贼与海洋环境因子的关系，并对南海外海黄鳍金枪鱼及鸢乌贼的渔场进行预报，构建了南海外海渔情预报系统，实现了南海外海黄鳍金枪鱼和鸢乌贼渔场空间分布的速预报，提取并分析了南海中尺度锋面和涡旋与夜间灯光渔船分布之间的关系，开展了南海区域的台风风险评估与渔业管理格网区划优化等工作。本书的研究成果可为南海渔业可持续、平衡、有效地发展提供科学参考。

本书可供海洋及渔业相关机构科研人员、渔业生产技术人员和管理人员，以及涉海涉渔的高等院校教师和学生参考使用。

审图号：琼S(2021)106号

图书在版编目(CIP)数据

渔情速预报关键技术与应用：以南海外海为例／周为峰等著. —北京：科学出版社，2021. 11
ISBN 978-7-03-070308-8

Ⅰ. ①渔… Ⅱ. ①周… Ⅲ. ①南海—渔情预报 Ⅳ. ①S934. 2

中国版本图书馆CIP数据核字(2021)第217754号

责任编辑：朱 灵／责任校对：谭宏宇
责任印制：黄晓鸣／封面设计：殷 靓

科学出版社 出版
北京东黄城根北街16号
邮政编码：100717
http：//www. sciencep. com

南京展望文化发展有限公司排版
上海锦佳印刷有限公司印刷
科学出版社发行 各地新华书店经销

*

2021年11月第 一 版 开本：B5(720×1000)
2021年11月第一次印刷 印张：10 1/2
字数：183 000

定价：100. 00元

(如有印装质量问题，我社负责调换)

序

众所周知，海洋是生命之源，倘若把海洋看作是生命的摇篮，在这个约占地球71%面积的大摇篮里蕴藏着提供人类起源、繁衍和生存的优质蛋白之宝库——海洋渔业。当今，关心、认知和经略海洋渔业的能力和水平，已成为一个国家是否强盛的标志。就捕捞渔业而论，我国已从“听其音，观其色”的传统沿海捕捞渔业跨步迈向大洋、极地的深蓝渔业，正在从一个渔业大国向渔业强国发展。在我国渔业快速发展进程中卫星海洋遥感技术的支撑功不可没，成效显著。今天，《渔情速预报关键技术与应用——以南海外海为例》一书的出版，又是一个极好的佐证，同时也是区域性卫星海洋遥感技术发展和应用的范例，值得庆贺。

南海占中国海域面积的四分之三，位于东亚大陆最南端，西太平洋边缘，蕴藏着丰富的渔业资源，是我国重要的渔场之一，也是我国从近海迈向深蓝渔业的门户，可喻为“起跑线”。我十分欣慰地看到中国水产科学研究院东海水产研究所周为峰等一群年青科技工作者在这“起跑线”海域外延，开展深耕细作，他们瞄准南海外海鸢乌贼和黄鳍金枪鱼等新渔业资源的开发，充分挖掘利用卫星遥感技术大面积快速探测水色、水温，以及风、浪和流等海洋要素时空分布和该海区历年翔实渔业资料，经过多年的努力，刻苦研究，成功构建了南海外海鸢乌贼和黄鳍金枪鱼的渔场预报模型。通过南海鸢乌贼渔场预报研究，实现了基于卫星遥感的多源海洋特征空间到宝贵渔业资源的精准映射，同时充分发挥了卫星遥感探测的实时性、动力模型的可测性和捕捞渔船分布特性验证性等技术优势，成功地设计了南海外海渔情预报信息服务系统，为南海外海渔情预报提供了关键技术和应用范例，为基于卫星遥感的区域性渔业海洋学发展留下了浓笔重彩。

著者集年轻人之能，理论联系实际，挥笔习书，言理论、话技术、有范例，编著了一本图文并茂、分析客观、集系统性与应用性于一体的佳作，犹如绽放在南海外海开发、利用和保护宝贵渔业资源的科技之花，值得正在关心、认知和经略海洋捕捞渔业的人们去欣赏、研读、体会和实践，甚是可喜。特以写此序，祝贺和祝愿年轻人再接再厉，更上一层楼，在大海洋中展开臂膀游得更远更棒，中国海洋渔业强国的到来，寄希望于你们。

中国工程院院士 潘继炉

前 言

南海又称南中国海或中国南海,位于东亚大陆最南端,西太平洋边缘。南海海域辽阔,面积约356万平方千米,是我国最大的陆缘海。南海蕴藏着丰富的渔业资源,是我国的重要渔场之一。现阶段,南海渔业产业存在着近海捕捞压力过大而外海渔业资源相对开发不足的问题,渔情信息匮乏、捕捞技术水平低及主权争端等问题所引起的渔业纠纷等制约着其自身的发展。

针对南海外海鸢乌贼和黄鳍金枪鱼等新资源开发和产业发展的实际需要,本书围绕渔情预测预报等关键技术开发与应用,从介绍南海渔业资源状况、南海外海渔情速预报研究的必要性、渔情预报国内外研究现状入手,介绍卫星所获取的南海海表温度、海表面高度异常、净初级生产力卫星数据产品在传统渔区上的年际分布、季节分布以及空间分布等时空分布特征,并以南海及邻近海域的黄鳍金枪鱼为研究对象,研究渔场的时空分布与海表温度的关系,找出南海及邻近海域黄鳍金枪鱼最适宜栖息的海表温度范围;从基于贝叶斯分类器的多个渔场预报模型构建方案中筛选最佳方案并进行分类预报,并将预报结果与实际渔场进行对比检验,分析不同方案对最终分类结果和精度的影响;针对南海外海鸢乌贼,对其渔业数据的时空分布特征进行了分析,开展了单位捕捞努力量渔获量的标准化和栖息地指数模型构建,对渔场形成和净初级生产力的滞后效应及所构建的模型进行了验证及比较分析,并且基于集成学习和多时空环境特征开展了南海鸢乌贼渔场预报的研究,实现了多源海洋特征空间到渔业资源分布的精准映射;分析南海外海金枪鱼渔场渔情预报信息服务系统的需求,设计并实现了基于WebGIS的南海渔情预报信息服务系统,实现了南海外海渔场空间分布的速预报;针对南海中尺度海洋特征,以海表温度遥感数据为基础,建立了基于分裂合并算法的海洋锋面提取方法,对南海海域中尺度锋信息进行了提取;对混合检测法(HD法)进行了改进,且以海表面高度异常遥感数据为基础对南海海域中尺度涡旋信息进行了提取；建立了以VIIRS夜间遥感数据为基础的夜间作业渔船信息的提取方法，对南海夜间作业渔船的渔船密度的空间分布及夜间作业渔船数量的时间变化进行了统计分析；根据提取到的南海海域中尺度锋、中尺度涡旋以及夜间作业渔船信息，研究分析了南海海域夜间作业渔船信息与中尺度锋以及中尺度涡旋的相关关系；通过对台风尺度数据处理，从台风影响时长和台风影响平均风速两方面在空间格网上对南海台风风险分布进行了定量评价与分析；给出一个基于层叠框架的南海渔区格网编码设计，进一步支撑新技术背景下南海渔船、渔业资源及捕捞努力的管理与调配。

本书的完成得益于国家科技支撑计划项目(2013BAD13B06)“南海外海捕捞技术与新开发”、国家自然科学基金项目(31602206)“基于集成学习和船位的渔场精准预报研究”、上海市自然科学基金项目(16ZR1444700)“基于位置面向环境多要素时空联动分析的海洋渔业地理格网模型”、中央级公益性科研院所基本科研业务费项目(中国水产科学研究院东海水产研究所2016T05)“深蓝渔业海况信息支撑关键技术研究”、中国水产科学研究院基本业务费项目(2012A1201)“基于船位的LBS海洋渔业信息服务模式研究”。

本书撰写过程中，纪世建、徐红云、黎安舟、郭小天、隋芯等同学做了大量的工作，在此表示感谢。书中多数成果已在国内外刊物上发表，撰写过程中参考了国内外众多的研究论文及网站资料，虽然作者试图在参考文献中全部列出并在文中标明出处，但难免有疏漏之处，诚恳地希望诸位同仁专家谅解。作者才疏学浅，书中难免存在疏漏与不足之处，殷切希望同行专家和读者给予批评指正。

本书出版得到了农业农村部远洋与极地渔业创新重点实验室、中国水产科学研究院南海水产研究所、国家数字渔业远洋捕捞专业创新分中心、科学技术部国家遥感中心渔业遥感部、中国水产科学研究院渔业资源遥感信息技术重点实验室的大力支持，一并表示衷心的感谢！

著　者

2021年7月

目　录

第1章 绪　论

1.1 南海渔业现状

南海又称南中国海或中国南海，位于东亚大陆最南端，西太平洋边缘，是亚洲三大边缘海之一。南海海域辽阔，面积约 3.56×10^6 km^2，是我国最大的陆缘海。南海北接中国广东、海南、广西、香港、澳门和台湾等省级行政区，以广东省南澳岛到台湾岛南端一线同东海分界；东南至菲律宾，南至加里曼丹岛，西南至越南和马来半岛等地，仅次于南太平洋的珊瑚海和印度洋的阿拉伯海，居世界第三位。南海平均深度为 1 212 m，最深处为 5 377 m（图 1－1）。整个南海几乎被大陆、半岛和岛屿所包围（图 1－2）。南海东北部经台湾海峡联通东海与太平洋，南部经马六甲海峡与爪哇海、安达曼海、印度洋相通，东部经巴士海峡通苏禄海。

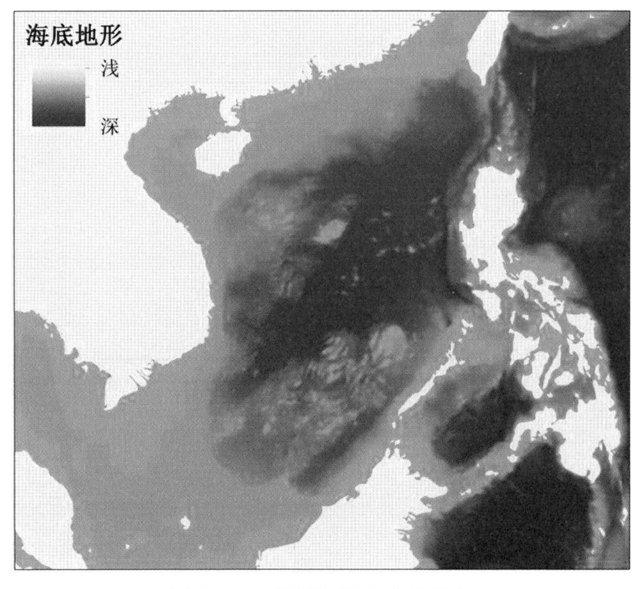

图 1－1　南海海底地形示意图

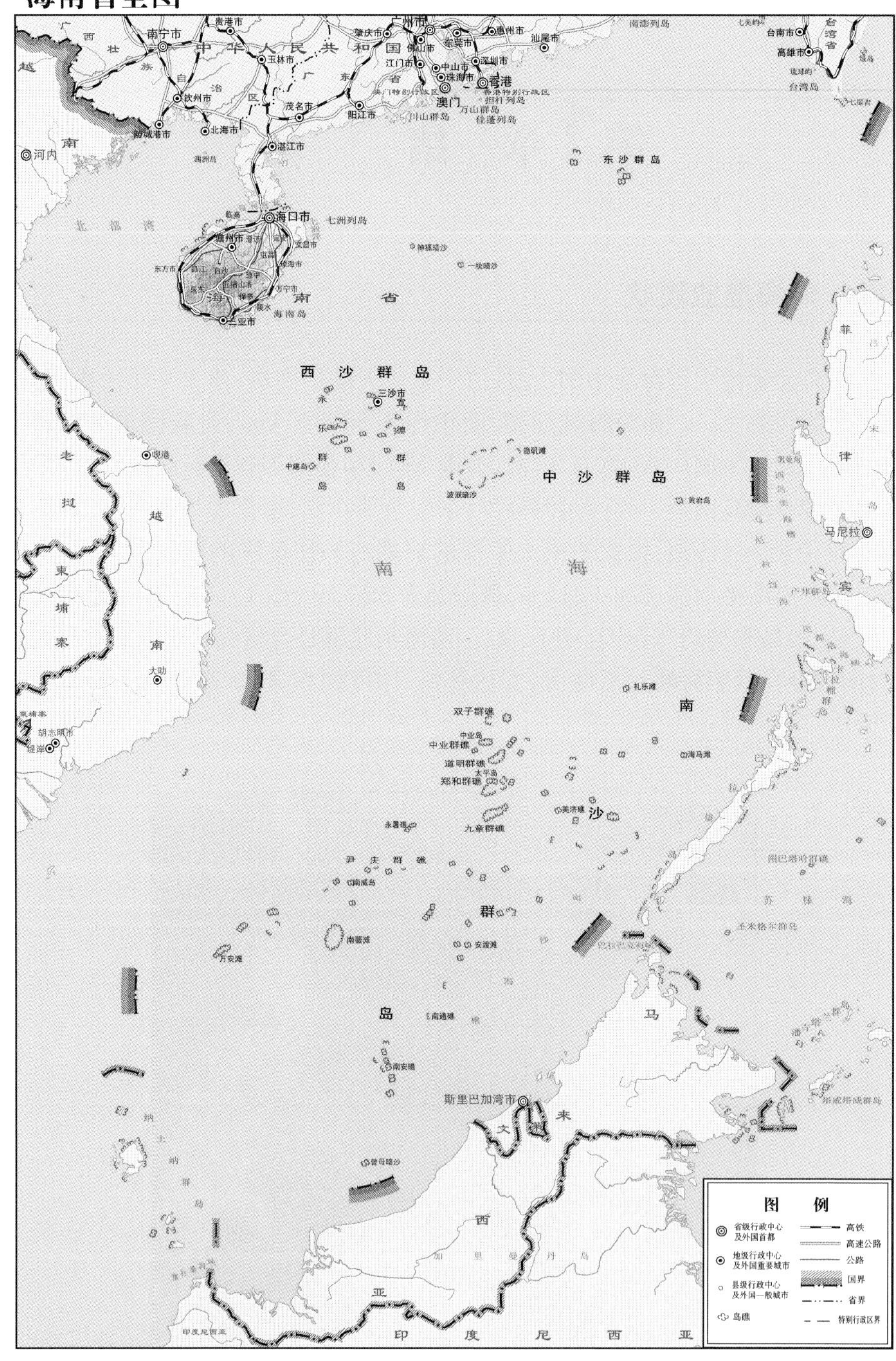
海南省全图
南宁市
贵港市
广州市
肇庆市
佛山市
东莞市
惠州市
汕尾市
玉林市
江门市
中山市
深圳市
珠海市
香港
澳门
钦州市
茂名市
阳江市
防城港市
北海市
湛江市
万山群岛
佳蓬列岛
川山群岛
担杆列岛
南澎列岛
台南市
高雄市
台湾岛
河内
北部湾
海口市
七洲列岛
儋州市
东方市
三亚市
海南岛
神狐暗沙
一统暗沙
东沙群岛
西沙群岛
三沙市
永乐群岛
宣德群岛
中建岛
中沙群岛
黄岩岛
隐矶滩
波洑暗沙
岘港
老挝
越南
柬埔寨
大叻
胡志明市
南海
马尼拉
菲律宾
礼乐滩
双子群礁
中业岛
中业群礁
道明群礁
太平岛
郑和群礁
海马滩
美济礁
永暑礁
九章群礁
尹庆群礁
南威岛
南薇滩
安渡滩
万安滩
南通礁
南安礁
南沙群岛
图巴塔哈群礁
苏禄海
圣米格尔群岛
斯里巴加湾市
文莱
马来西亚
曾母暗沙
加里曼丹岛
印度尼西亚
图例
省级行政中心及外国首都
地级行政中心及外国重要城市
县级行政中心及外国一般城市
岛礁
高铁
高速公路
公路
国界
省界
特别行政区界

图 1－2　海南省地图

南海西部有北部湾和泰国湾两个大型海湾。汇入南海的主要河流有珠江、韩江以及中南半岛上的红河、湄公河和湄南河等。这些河流的含沙量很少,因此海阔水深的南海总是呈现碧绿色或深蓝色。南海地处低纬度区域,是我国海区中气候最暖的热带深海。南海海水表层水温高(25~28℃),年温差小(3~4℃),终年高温高湿,长夏无冬。南海盐度最大为35‰,潮差小于2 m。其自然地理位置适于珊瑚繁殖,在海底高台上,形成诸多风光绮丽的珊瑚岛。这些珊瑚岛以及一些火山岛形成了南海四大群岛:东沙群岛、西沙群岛、中沙群岛和南沙群岛,总称南海诸岛。

南海蕴藏着丰富的渔业资源,是我国的重要渔场之一(邱永松等,2008)。此外,南海海域还拥有石油天然气资源、新型能源、航道资源等。南海的渔业资源包括金枪鱼、鲨鱼、梭子鱼、大黄鱼、小黄鱼、带鱼、鲐鱼、红鱼等鱼类资源,以及海龟、海参、牡蛎、马蹄螺、大龙虾、墨鱼、鱿鱼等热带名贵水产。南海蕴藏有丰富的石油天然气资源,有十几个具有良好开发远景的油气沉积盆地,拥有巨大的开发潜力。此外,南海所特有的气候、水文条件,也造就了南海非常丰富的太阳能、风能、海流能、潮汐能、温差能等新型能源。从航道资源上看,每年有4万多艘船只经过南海海域。日本、韩国和我国90%以上的石油输入依赖南海航道。经过南海航道运输的液化天然气占世界总贸易额的2/3。中国通往国外的近40条航线中,超过一半的航线经过南海海域。

从20世纪50年代起到21世纪初的半个世纪里,我国在南海进行的各类渔业资源调查有40多次,调查主要集中在200 m以浅的大陆架海域,摸清了南海近海渔业资源状况,使得南海近海有重要经济价值的渔业资源都先后得到开发利用。我国对南海外海的调查始于20世纪90年代后期。1998~1999年,我国台湾地区"海研I"号调查船利用声学走航(EK500)和鱿钓采样相结合的方式对南海中南部进行了调查,并评估鸢乌贼生物量为1.5×10^6 t。2000年5月,我国利用"北斗"号实施国家海洋勘测专项期间,利用声学设备(EK500)进行1航次南海中南部渔业资源调查。2012年以来,"南锋"号调查船利用声学和变水层拖网技术对南海中上层渔业资源进行初步探查,发现了蕴藏量巨大的中层鱼资源。南海传统渔场分布如图1-3所示。

我国对南海渔业资源的开发利用主要集中在南海北部大陆架(包括北部湾)近海海域。其中,有90%以上的渔船集中在近海北部100 m以浅区域作业。与近海开发利用过度相比,我国对外海渔业资源的开发处于起步阶段,但发展迅速。尤其是鸢乌贼渔业呈稳定发展势头,2012年我国在南海鸢乌贼的产量超

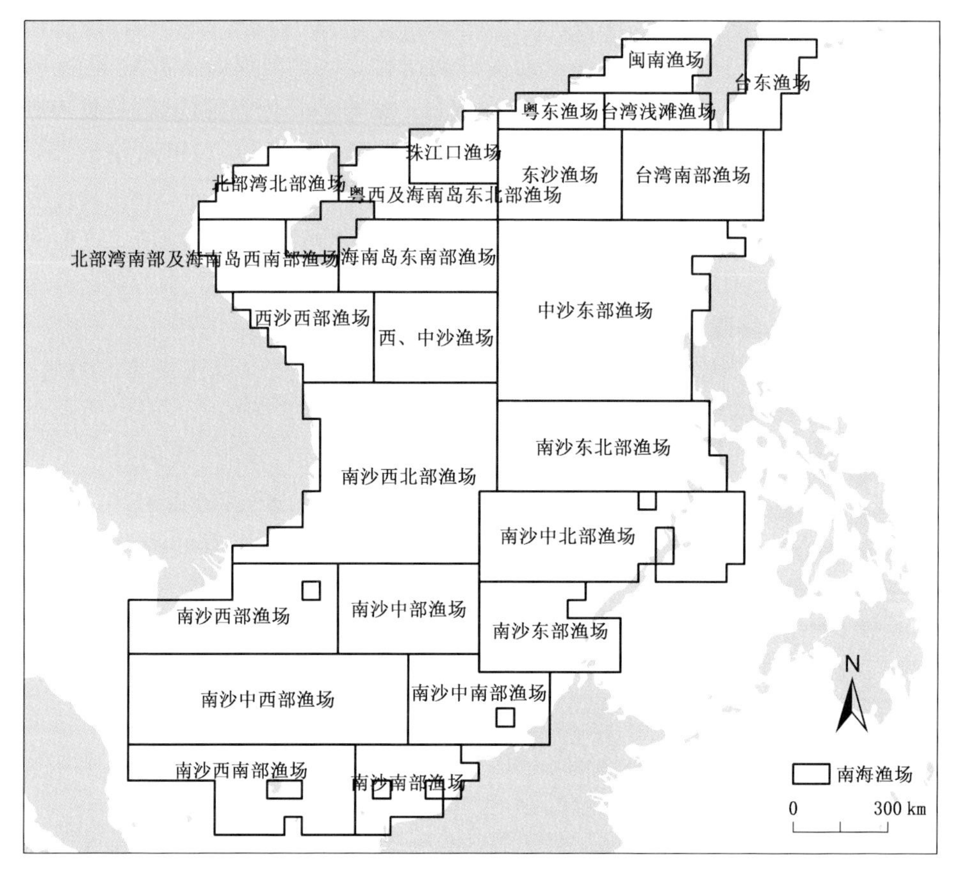

图 1－3　南海传统渔场分布示意图

过 5×10^4 t,以灯光罩网渔业为主。目前,我国大陆在南海的金枪鱼捕捞份额几乎为零,2013 年华南三省区渔船的金枪鱼年产量不超过 400 t,主要为灯光罩网兼捕所得。南海金枪鱼曾一度是我国台湾小型钓船的主要作业渔场,近年来因效益下降而逐渐萎缩。

目前大部分有关南海大洋性渔业资源生物学及渔场鱼汛、捕捞技术均来自日本、越南和我国台湾地区的研究报道。渔业资源的声学评估具有快捷高效、取样率大的特点,适合于进行中上层生物资源调查,为发达国家所普遍采用,在我国北方大陆架海域也已成功应用。声学资源评估方法在鱼类上应用较多,但鱿鱼类声学调查仍处在发展初期,还存在着一定的技术问题。声学技术在中国南海,特别是外海的应用时间较短,缺乏主要生物资源种类的声学特性研究,特别是大洋性种类映象识别和目标强度测定,还存在着一定的技术问题,与挪威、美国和澳大利亚相比还有较大的差距。因此,有必要建立水声学、鱿钓、中层拖网、灯光罩网等多种方式相结合的高效资源调查技术，使水声学技术成为监测评估南海和大洋中上层渔业资源的高效手段（张俊，2018）。

现阶段我国南海渔业资源发展面临以下几个突出问题：一是南海北部近海渔场开发过度，生态环境退化，渔获物明显趋向低龄化和小型化，局部海域出现荒漠化现象，亟待开展增殖与养护；二是南海中南部海域大洋性头足类和金枪鱼资源中心渔场及主要鱼汛不清楚，生产安排存在一定的盲目性；三是尚未探索出适合南海外海的捕捞技术及生产模式，严重影响了外海捕捞生产结构和效益。

1.2 南海外海大洋性渔业资源

现阶段南海渔业产业中存在的诸多问题，如近海过度捕捞、外海渔业资源开发不足、渔情信息匮乏、捕捞技术水平低、主权争端问题所引起的渔业纠纷等仍制约着其自身的发展（陈作志等，2002；车斌等，2009；黎祖福等，2013）。近30年来，南海北部近海的渔业资源由于过度捕捞已逐步衰竭，而中南部外海区域中上层渔业资源良好，渔业开发水平较低，利用率往往不到可捕量的10%（陈作志等，2002）。南海外海鸢乌贼（*Symplectoteuthis oualaniensis*）以及金枪鱼类等渔业资源丰富且具有较大的开发潜力，可以成为未来南海渔业资源开发的重点。

南海外海鸢乌贼隶属软体动物门、头足纲、枪形目、柔鱼科（Ommastrephidae）鸢乌贼属（范江涛等，2013；粟丽等，2016），是一种暖水性较强的大洋性头足类生物，在中国南海广泛分布（范江涛等，2013），年可捕捞量达到 1.3×10^6 ~ 2.0×10^6 t（张鹏等，2010；纪世建等，2015）。南海外海鸢乌贼因其资源量可观，生命周期短，生长速率快，繁殖能力强（粟丽等，2016），并且肉质鲜美，具有较高的营养价值和药用价值（于刚等，2014），因此具有很大的开发潜力（刘必林等，2009；纪世建等，2015）。我国1974~1976年对南海大洋性鱼类资源调查时，发现鸢乌贼广泛分布于南海外海（国家水产总局南海水产研究所，1978）。因当时近海渔业资源尚较为丰富，而鸢乌贼肉质相对较差，加之未探索出有效的捕捞方法，鸢乌贼并未受到重视。2000年春季，我国大陆利用渔业声学结合中层拖网评估南海外海鸢乌贼约62万t，建议将其作为主要种类进行开发（贾晓平等，2004）；台湾地区1998~1999年采用渔业声学并结合手钓采样在南海东北部海域调查，评估1998年夏季南海外海鸢乌贼约150万t，密集区位于17°N以北114°E~

120°E(Zhang, 2005)。南海其他周边国家对南海鸢乌贼也有过不少调查。例如,1998 年春季东南亚渔业发展中心(Southeast Asian Fisheries Development Center, SEAFDEC)在南海菲律宾西部海域调查,评估该海域鸢乌贼约 31.9 万 t (Labe, 1999);基于 SEAFDEC 提供的数据,联合国粮食与农业组织(Food and Agriculture Organization, FAO)评估南海鸢乌贼约 113 万 t(FAO, 2010);等等。海洋环境对鸢乌贼繁殖力、自然死亡率、年补充量、分布等有重要影响,因此,不同调查评估的南海鸢乌贼资源量存在较大差异,但其广泛的分布和丰富的资源量是毋庸置疑的,并日益得到南海周边国家和地区的重视。目前,鸢乌贼已成为我国南海最重要的大洋性渔业种类,而灯光罩网作为南海捕捞鸢乌贼的有效作业方式也被重点推广。

大型金枪鱼类为大洋暖水性洄游鱼类,是世界渔业中上层鱼类的主要捕捞对象,它们主要生活在低中纬度海区,其中黄鳍金枪鱼(*Thunnus albacares*)是大型金枪鱼中重要的捕捞种类之一,在南海金枪鱼捕捞渔获总量中保持着较大的比例(孟晓梦等,2007;张鹏等,2010)。金枪鱼是南海研究最多和最详细的大洋性鱼类。历史上,我国、日本、越南等南海周边国家及地区均调查过南海金枪鱼资源,有记录的金枪鱼种类有 10 多种,一般分为大型金枪鱼和小型金枪鱼。大型金枪鱼主要包括黄鳍金枪鱼、大眼金枪鱼(*Thunnus obesus*)、长鳍金枪鱼(*Thunnus alalunga*)等,经济价值最高;小型金枪鱼主要包括鲣(*Katsuwonus pelamis*)、圆舵鲣(*Auxis rochei*)、扁舵鲣(*Auxis thazard*)等,经济价值稍低,但分布广泛且资源量更大,是南海金枪鱼资源的主体(杨日晖,1984;陈炎等,2000;Chu, 2001)。陈炎和陈丕茂分析认为,南沙群岛海域大型金枪鱼资源量约 1×10^4 t,主要分布在南沙群岛北部和西北部、南威岛附近、南沙海槽等水域,而小型金枪鱼在南海包括岛礁区分布很广,部分礁区小型金枪鱼资源尚未充分开发(陈炎等,2000)。冯波等调查发现,黄鳍金枪鱼和大眼金枪鱼延绳钓渔场分布具有一定的空间一致性,如两者春季均分布于南沙西北部海域,而夏季均分布于南沙中西部海域;渔获水深主要集中于 50~350 m(冯波等,2015)。越南研究人员调查认为,南海中西部金枪鱼资源量为 6.6×10^5~6.7×10^5 t,可捕量为 2.33×10^5 t,其中鲣的可捕量为 2.16×10^5 t,黄鳍金枪鱼和大眼金枪鱼的可捕量为 1.7×10^4 t(Hoang, 2009)。南海的大型金枪鱼主要是从外洋随海流而入的,但也存在南海本地产卵的群体(张仁斋,1983)。吕宋海峡及南海与苏禄海相连的海峡是大型金枪鱼鱼群出入南海的主要通道,每年洄游进入南海的金枪鱼资源量存在差异(张鹏等,2010)。南海金枪鱼种类如表 1-1 所示。

表1-1 南海金枪鱼种类

类　别	俗　名	学　名
大型金枪鱼	黄鳍金枪鱼	*Thunnus albacares*
	大眼金枪鱼	*Thunnus obesus*
	长鳍金枪鱼	*Thunnus alalunga*
	蓝鳍金枪鱼	*Thunnus thynnus*
小型金枪鱼	青干金枪鱼	*Thunnus tonggol*
	东方狐鲣	*Sarda orientalis*
	裸狐鲣	*Gymnosarda unicolor*
	鲣	*Katsuwonus pelamis*
	圆舵鲣	*Auxis rochei*
	扁舵鲣	*Auxis thazard*

由于金枪鱼具有高度洄游的习性,难以对南海金枪鱼具体的资源量做出准确的评估。目前对南海及邻近海域黄鳍金枪鱼的研究主要集中于基础生物学、群体遗传结构等生物学方面(王中铎等,2012;冯波等,2014)。到目前为止,鲜有对南海黄鳍金枪鱼资源进行渔情预报的相关研究。

此外,南海外海鲹科鱼类种类也比较丰富,如长体圆鲹(*Decapterus macrosoma*)、细鳞圆鲹(*Decapterus macarellus*)、无斑圆鲹(*Decapterus kurroides*)等。但由于其经济价值稍低和渔场不清,加之无有效的捕捞方式,故缺乏对其资源量和分布的系统研究。

1.3 南海外海渔情速预报研究的必要性

近年来,国家相关部门意识到了在南海外海发展渔业的巨大潜力,提出相关政策推动南海中南部外海渔业资源开发利用,并大力支持渔业资源调查和监测,为制定南海外海渔场开发利用规划、调整南海近海和外海渔场作业布局提供科学依据。引导渔船从北部近海向中南部外海转移,能够缓解渔业资源压力,促进海洋捕捞结构调整,进而带动渔业加工和贸易等相关产业的发展,向渔民提供更多的就业机会。此外,南海部分岛屿和海域仍存在主权争端问题,渔业开发也是中国维护南海主权和海洋权益的重要砝码(车斌等,2009;张鹏等,2010)。因此,对南海外海渔业资源实施有效、科学、持续的开发和管理具有重要的发展意义和政治意义。

对南海外海渔场的开发现处于初步阶段,渔情信息的匮乏是必然要面对的不利因素。对渔情进行准确的预报,可以大量地缩短初探时间和减少燃油成本,有利于提高生产效率。因此,如何为南海外海金枪鱼渔场渔情进行速预报,实时地发布预报信息服务,并为渔业生产和管理人员提供科学的指导,已成为南海外海捕捞技术与新资源开发项目需要解决的重要课题。

1.4 渔情预报国内外研究现状

1.4.1 渔情预报主要环境特征因子

20世纪80年代以来,遥感技术和地理信息系统技术得到了迅速的发展,不仅使得海洋环境信息能够被大面积地实时连续同步观测,还为渔情分析和渔场预报工作提供了强大的可视化分析工具。随着技术的进步,目前海洋遥感可以获取并提供给渔情预报的海洋环境特征因子包括海表温度(sea surface temperature, SST)、海洋水色(如叶绿素浓度,通常使用进行光合作用的主色素叶绿素a的浓度)、海表盐度(sea surface salinity, SSS)和海洋表面动力地形[如海面高度(sea surface height, SSH)]等(Klemas, 2013)。此外,利用这些数据,还可以提取其他的海洋环境特征,如利用梯度的变化反映海洋的锋面特征(Canny, 1986),利用叶绿素浓度高低指示出大洋平流或中尺度涡旋状况(Faure et al., 2000),通过海面高度数据得到涌升流的变化等(Kai et al., 2010),而这些特征均与海洋渔场的形成有着重要的联系。表1-2列出了目前海洋环境特征因子的时空分辨率。

表1-2 海洋环境特征因子的时空分辨率

海洋环境特征因子	传感器	时间分辨率	空间分辨率
海表温度	MODIS	天、周、月	9 km,4.5 km
	Pathfinder V5	天、周、月、年	4.5 km
	Pathfinder V4, V5	周、月	9 km
	SEVIRI	3~12 h,每小时	1/10°,1/20°
	METOP	天	1/20°
	METOP(Level 2)	天、季度	1 km
	TRMM	天、3天、周、季度	1/4°
	AQUA	天、周、月	9 km
海表盐度	MIRAS(Level 1/2)	10~30天	50~200 km
	PALS	7~30天	150 km
叶绿素a浓度	MODIS	天、3天、8天、月	41 km
	SeaWIFS	8天、月	9 km
	MODIS(Level 2)	天、5个月	250 m、500 m、1 km

（续表）

海洋环境特征因子	传 感 器	时间分辨率	空间分辨率
	MERIS	天、周、月	300 m、1 km
	GOCI	小时	500 m
海面高度	JASON	周（延时数据）	1/3°
	雷达高度计	天（实时数据）	1/3°
海洋初级生产力	SeaWIFS（Chl－a，PAR，SST）	8天、月	9 km、18 km
	MODIS（Chl－a，PAR，SST）	8天、月	9 km、18 km

1. 海表温度

SST是影响鱼类活动最重要的环境特征因子之一，鱼类的繁殖、生长、发育、洄游等行为都与海表温度的变动有直接或间接的联系（周甦芳，2005）。较多的研究表明，对于金枪鱼这类暖水性鱼类而言，其生存极其依赖适宜的温度环境，最适温度一般在29℃左右（樊伟等，2008；唐峰华等，2014）。通过SST数据也可以获取其他海洋学信息，如SST的时空分布特征、海表温度异常（sea surface temperature anomaly，SSTA）、温度锋面和厄尔尼诺－南方涛动（El Niño－Southern Oscillation，ENSO）事件等，对这些信息进行特征分析可以从不同角度进一步探究渔场的分布（Thayer et al.，2008；周甦芳等，2004）。

南海海表温度的主要特点为水温较高，中南部外海表层温度达25～28℃，并且相对于其他中高纬度海域，其季节变化不大，年温差保持在3～4℃。

2. 海面高度

由于SSH能够反映海洋锋面、水团等中尺度海洋特征，因此自20世纪90年代中期开始，遥感海面高度数据也逐步应用到渔场分析研究中（宋婷婷等，2013），在渔场分析中的应用主要通过计算海面高度的距平值来分析海面高度异常变化、与温度场冷暖水团的配置关系、海洋流场的变化以及与海洋锋面关系等（樊伟等，2005）。王少琴等（2014）的研究结果表明，SSH显著影响中西太平洋黄鳍金枪鱼单位捕捞努力量渔获量（catch per unit of effort，CPUE）的分布，SSH较高处的年均CPUE较高，并认为可选择SSH较高的海域进行生产作业。

3. 叶绿素浓度和海洋初级生产力

叶绿素浓度能够表征浮游生物的存量，浮游生物作为鱼类的天然饵料，其受到海流的搬运聚集会形成水质肥沃的渔场，因此其浓度的大小往往与渔场的形成和消失密切相关。有研究表明，若某海域叶绿素浓度在0.2 mg/m^3以上，说明该海域浮游生物量充足，适合在此进行商业捕捞（Butler，1988）。在一定的光照条件下,海洋初级生产力与叶绿素浓度具有线性关系,因此,海洋初级生产力的大小同样也能反映海洋生物的存量、分布和变化(巫华梅,1986)。此外,通过叶绿素浓度或海洋初级生产力的空间分布,可以进而寻找涌升域和涡动域。涌升域是由表层流场产生水平辐散所造成的,涌升流会将底层海水中大量的营养盐带到表层,提供丰富的饵料;涡动域是由洋流遇到不规则的地形而形成的,大大小小的涡流同样会引起上下层海水的混合,冲起海底的养分。涌升域和涡动域具有较高的生产力,往往会诱使鱼群聚集,进而形成渔场。

南海北部大陆架海域叶绿素浓度平均为 0.16~0.38 mg/m^3,有明显的季节变化差异,一般冬季最高,春季最低。南海北部的初级生产力平均值在 409.7 mg C/(m^2 · d),其区域分布与叶绿素分布基本一致。外海由于水体的温跃层终年存在,海水垂直混合受到阻碍,下层丰富的氮、磷等营养元素难以补充到真光层,从而造成真光层初级生产力低下。这与中西太平洋"暖池"洋区类似,被称为"海洋沙漠"。营养的匮乏使南海外海渔业开发受到限制。

4. 海表盐度

SSS 主要表现在其对鱼类生物体内机能的作用。盐度的改变会由于渗透作用从而引起环境渗透压和鱼体渗透压的变化,而鱼类必须维持体内的渗透压才能存活,其体液渗透压失衡,细胞会出现缺水或水分过多的现象。此外,盐度也与海水的浮力有关,这也可能会影响鱼类觅食和产卵等行为。因此,可以根据鱼类对盐度的适应特点,通过盐度的分布来寻找渔场。

南海表层盐度较高,年变幅很小,平均盐度值在 34.00‰左右。不同海区的地理环境条件不同,盐度的分布和变化也相当复杂,低盐区域主要分布在河口和近岸。

1.4.2 金枪鱼渔场渔情预报研究现状

金枪鱼类的渔情预报模型目前较多地采用统计学的方法,主要有线性回归模型(Zagaglia et al., 2004)、贝叶斯概率模型(樊伟等,2006;崔雪森等,2007;周为峰等,2012)、时序分析(Georgakarakos et al., 2006)、空间叠加分析法(Zainuddin et al., 2008;杨胜龙等,2011)、地统计分析法(杨晓明等,2012;李灵智等,2013)等。统计学模型往往需要充足的数据并对其进行整理分析,通过统计回归的方法计算出各变量间的函数关系,并利用这种关系预测出对象的未来状况。其中,贝叶斯概率模型就是基于对历史某渔区存在的频率以及相应环境条件下的某渔区存在频率的统计,计算出该渔区存在渔场的先验概率以及相应的条件概率,进而利用贝叶斯公式得到后验概率作为渔场的预报概率值。南海金枪鱼渔业存在较长的捕捞历史(张鹏等,2010),目前可利用的数据能够满足贝叶斯概率统计的需要。采用贝叶斯概率模型预报金枪鱼渔场在国内已有较为成功的研究案例。例如,樊伟等(2006)根据贝叶斯概率模型原理对1960~2000年西太平洋金枪鱼的渔获产量及相应的CPUE进行了分析,并结合SST、叶绿素浓度、温度梯度等实时海洋环境信息计算出相应的先验概率和条件概率,最后预报出渔场的概率分布,并且对历史数据进行了模型回报试验,渔场的综合预报准确率达77.3%。随后,周为峰等(2012)利用同样的方式构建了印度洋大眼金枪鱼渔场贝叶斯概率模型,模型回报试验的综合预报准确率达66.0%,并利用该模型每周进行渔场预报,向远洋渔业企业提供渔场信息的业务化服务。贝叶斯概率模型的优点在于渔场预报的结果很大地依赖于历史的渔获统计和渔场概率判断,这样能够充分考虑人们的捕捞经验以及较为真实地反映实际的渔场概率分布。此外,建模者还可以用实际的渔场分布状况不断对先验概率进行修正。总的来说,采用贝叶斯概率模型预报南海外海的金枪鱼渔场是可行的。但目前的贝叶斯概率模型仍然只考虑单一的环境因子,若考虑多个变量,需要进一步深究各环境因子的权重,抑或构建贝叶斯网格来描述多个海洋环境因子之间的依赖关系。

除此之外,国内外研究者还采用了基于数据挖掘的决策树分类,如随机森林(陈雪忠等,2013)以及人工神经网络模型(Dagorn et al., 1997; Dreyfus-Leon et al., 2001;Gaertner et al., 2004)等方法。这些模型方法主要是将渔场预报视为一种分类的过程,通过机器学习从数据中提取渔场形成的规则,然后利用这些规则对实际数据进行分类以实现渔场的预报。

1.4.3 鸢乌贼渔场渔情预报研究现状

在早期的鸢乌贼渔场预报中,研究者主要利用渔业调查数据分析渔业资源的分布情况,如陈新军和钱卫国(2004)利用我国首次在印度洋西北海域的鸢乌贼资源调查资料,采用效能比法,对鸢乌贼资源密度进行评估,并分析了海域资源的分布情况,这是较早的鸢乌贼渔情预报研究。而后鸢乌贼中心渔场的形成与实测的海洋环境的关系开始得到研究,并得到中心渔场适宜的SST、SSS等环境因子的范围,使鸢乌贼渔情预报研究得到进一步发展(陈新军等,2005)。之后,基于海洋遥感获得环境数据开始应用于鸢乌贼的渔情预报研究中,如杨晓明等(2006)利用海洋遥感获得SST、海表面叶绿素浓度以及洋面风场来研究西北印度洋鸢乌贼渔场形成机制。从最初的分析资源密度到后来分析与环境因子的关系的发展中,采用的环境因子也在不断增加,浮游动物、SST、叶绿素浓度、SSS、SSH 等环境因子被应用到鸢乌贼渔场中(陈新军等,2005;杨晓明等,2006;钱卫国等,2006;田思泉等,2006;余为等,2012)。在预报方法上,大多采用统计学方法通过构建产量与环境因子的关系,得到适宜鸢乌贼栖息所对应的环境因子范围,并利用相关软件进行可视化显示,以实现渔情预报。例如,范江涛等(2017)采用地统计学方法对南沙海域鸢乌贼渔场进行了分析;余为和陈新军(2012)基于栖息地适宜性指数分析了印度洋西北海域鸢乌贼 9~10 月的渔场,并进行了预报,相关研究显示栖息地适宜性指数模型对鸢乌贼渔场具有更好的表征,因此不少鸢乌贼预报研究加强了对栖息地适宜性指数模型的构建方法,以及环境因子所占的权重等方面的研究(余为等,2012;范江涛等,2016)。

国内外学者对印度洋的鸢乌贼渔情预报研究相对较多,对南海鸢乌贼研究主要集中在生物学特征、资源开发状况、资源评估等方面,如杨德康(2002)对鸢乌贼的体长组成、摄食、繁殖、洄游等生物学特性进行了探讨;Zuyev 等(2002)在 1961~1990 年对热带海域外海的鸢乌贼的饵料成分进行了调查;李朋(2014)通过在南海采集的鸢乌贼地理群体样本,对南海鸢乌贼的种群结构进行了研究;张鹏等(2010)分析和阐述了南海鸢乌贼的资源开发状况和前景。目前,关于南海外海鸢乌贼渔情预报的研究较少(粟丽等,2016),并且尚未看到初级生产力应用到南海鸢乌贼渔情预报研究中的报告,而研究南海鸢乌贼的最适栖息地,分析海洋环境特征与渔场之间的关系,预测出鸢乌贼的中心渔场对南海渔业发展具有重要的作用(范江涛等,2013;纪世建等,2015)。

1.4.4 海洋中尺度锋提取研究现状

锋区海洋水文要素急剧变化,导致锋面处呈现较高的水文要素梯度,因此许多关于锋面的研究通过计算研究区域各像元梯度值并根据合理的梯度阈值来实现锋面的提取,这种方法称为梯度法。例如,Wang 等(2001)以 0.5℃/9 km 为阈值,利用梯度法对中国南海北部的 SST 锋进行了提取,并在广东省、福建省沿岸,珠江口沿岸,台湾浅滩,海南岛东侧沿岸,北部湾以及黑潮入侵南海部分提取到海洋锋。Kostianoy 等(2004)则利用梯度法,以 0.02℃/km 为阈值对南印度洋的 SST 锋进行了提取。锋面是对应水文要素图像的边缘信息,海洋锋面的提取往往被认为是一种海洋水文要素图像的边缘检测的过程,因此一些传统的边缘检测算法[如 Canny 算法(Canny, 1986)、Sobel 算法等]或其改进算法也被广泛应用于海洋锋面提取中。例如,刘泽利用 Canny 算法对中国近海温度锋及叶绿素浓度锋进行了提取,并分析了中国近海锋面的时空特征(刘泽,2012);Ping 等(2014)提出改进的多尺度 Sobel 算法,并用该算法对渤海海洋锋进行了提取;范秀梅等(2016)分别利用 Canny 算法和 Sobel 算法提取了北太平洋叶绿素浓度锋和 SST 锋,并研究了两种锋面与鱿鱼渔场的关系,认为 Sobel 算法能直接反映锋面的大小和方向,而 Canny 算法的锋面提取结果则在准确性和连续性上更占优势。除了传统的边缘检测算法外,目前许多数学分析方法或数理模型也被应用于锋面的提取。例如,薛存金等(2007)提出了基于小波分析的海洋锋形态提取方法,并通过与传统边缘检测算法的对比分析认为该方法锋面提取结果连续性好,且能提取多尺度的锋面信息;平博等(2013,2014)提出了基于引力模型的锋面提取方法,并利用该方法对渤海水色锋进行了提取,认为与传统边缘检测算法相比,该方法锋面提取结果连续性更佳,并能有效抑制近岸泥沙对锋面提取的影响。

1.4.5 海洋中尺度涡旋提取研究现状

中尺度涡旋往往简称为中尺度涡,通常伴随局地 SSH 的变化,使得其在 SSH 遥感图像中有明显的表观反应,因此许多中尺度涡旋提取方法以遥感数据作为主要的数据源(毕经武等,2015),如 SSH(王欣,2012;杜云艳等,2014;Chelton et al., 2011)、海面高度异常(sea level anomaly, SLA)等(毕经武等,2015;燕丹晨等,2015)。Okubo 和 Weiss 等从流体的物理状态出发,引用 W 值描述流体运动状态,继而有人利用该值对涡旋进行识别(Isernfontanet et al., 2003),即以 SLA 影像为数据基础的 OW 法(Okubo, 1970; Weiss, 1991)。为获得更好的涡旋提取效果,尤其为了能更好地描述涡旋形态,许多学者提出了基于流线几何特征的涡旋提取方法。例如,Sadarjoen 和 Post (2000) 提出了 Winding - Angle 法(WA 法),并利用该方法对大西洋涡旋信息进行了提取。WA 法利用 SLA 数据计算得到研究区域流场流线,并根据得到的流线几何形状识别研究区域涡旋信息。Chaignuea 等(2008)对 WA 法进行了改进,并以 SLA 数据为基础,通过改进后的 WA 法对秘鲁沿岸海域涡旋信息进行了提取,同时认为与 OW 法相比, WA 法涡旋提取结果有更高的准确率,且尽管两者涡旋的成功检测率相近,但 OW 法的过度检测率更高;在规整性以及移动速度方面,WA 法在规整性上更占优势,提取得到的涡旋形态与实际情况更相符,且检测到的涡旋有更快的移动速率(Chaigneau et al., 2008)。利用 SLA 数据计算研究区域流速并获取流线计算量大,运算时间长,而 SSH 或 SLA 等值线往往与海洋流场流线平行甚至重合,因此许多学者直接利用 SLA 数据或 SSH 数据进行海洋涡旋的识别。例如,Roemmich 和 Gilson(1999)在研究中尺度涡旋对北太平洋热量传输的贡献及其潜在机制时,以 7.5 cm 为涡旋中心与涡旋边界 SLA 的差值阈值,对北太平洋海域涡旋信息进行识别;Fang 和 Morrow(2003)在研究起源于 Leeuwin 环流的涡旋时,以 10 cm 为 SLA 差值阈值对印度洋涡旋信息进行了提取;Hwang 和 Chen(2000)以 5 cm 的动力高度异常等值线作为涡旋边界以识别中国南海海域涡旋并研究涡旋的动力学特征;Chaigneau 和 Pizarro(2005)在研究东南太平洋涡旋特征时,将值为±6 cm 的闭合 SLA 等值线作为涡旋边界以对研究区域涡旋进行提取; Chelton 等(2011)提出了基于海面高度的无阈值等值线法(SSH - based 法),该方法直接通过 SSH 等值线确定涡旋边界,有效提高涡旋提取效率的同时排除了阈值选取对涡旋提取结果的影响。Wang 等(2013)以 SSH 数据为基础,对 SSH - based 法进行了改进,并利用改进后的基于海面高度的闭合等值线法对南海海域涡旋信息进行了提取。Yi 等(2014)结合 Okubo - Weiss 法及基于海面高度的闭合等值线法,提出了以 SLA 数据为基础的 Hybird Detection 法,并用该方法对南海海域涡旋进行了提取。

1.4.6 夜间作业渔船信息提取研究现状

夜间灯光遥感是监测人类活动及其影响的有效途径。目前夜间灯光遥感主要用于城市监测,如利用夜间灯光遥感数据进行城市国内生产总值(gross domestic product, GDP)估算、人口估算、电力消费估算等(李德仁等,2015)。在排除月光影响的情况下,海上石油天然气钻井平台火炬燃烧是夜间海洋的主要光源,因此,也有研究者利用夜间灯光遥感数据对海上石油天然气钻井平台进行识别和监测。目前用于船位信息提取的夜间灯光数据主要有 DMSP/OLS (defense meteorological satellite program's operational linescan system)夜间灯光影像数据以及 VIIRS(visible infrared imaging radiometer suite)卫星的 DNB(day/night band)夜间灯光影像数据。Cho 等证明了 DMSP/OLS 夜间灯光影像监测夜间作业船队的可行性,并发现通过 DMSP/OLS 夜间灯光影像提取得到的夜间作业船队空间分布与 SST 的空间分布密切相关(Cho et al., 1999)。Kiyofuji 等以 DMSP/OLS 夜间灯光影像为基础,通过二级分层采样的方法对日本海夜间作业船队信息进行了提取,进而分析了日本海海域太平洋褶柔鱼的时空分布情况以及日本海海域渔场的季节变化(Kiyofuji et al., 2004)。Claire(2008)等基于 DMSP/OLS 夜间灯光影像通过阈值分割的方法对秘鲁海岸鱿钓渔船船队信息进行提取,分析了船队空间分布及其规模的年际变化,并根据船队规模大小进一步分析了该海域渔获量的时空变化情况(Waluda et al., 2008)。与 DMSP/OLS 数据相比,VIIRS DNB 数据在空间分辨率及辐射分辨率上都存在明显的优势,并且可以提供经过辐射定标后的辐射亮度信息,从而可以对探测目标进行定量分析。因此，近年来更多学者使用 VIIRS DNB 数据对海洋夜间作业渔船、海洋石油天然气钻井平台等进行研究。Liu（2015）等结合多种渔业数据，发现 VIIRS DNB 夜间灯光影像上检测到的渔船位置与船舶监测系统（vessel monitoring system，VMS）监测到的渔船位置高度匹配，从而证实了 VIIRS DNB 夜间灯光影像数据监测夜间作业渔船的可靠性，此外通过与 DMSP/OLS 数据的对比，认为 VIIRS DNB 数据更有利于渔船数量的统计（Yang et al.，2015）。Elvidge 等（2015）提出了一种基于 VIIRS DNB 夜间灯光影像的船位信息自动提取方法，该方法综合考虑了图像噪声及云层导致的图像局部模糊对船位提取的影响，取得了较好的船位信息提取效果。Asanuma（2017）结合 VIIRS DNB 数据及 SAR 数据，通过经验模型对中国南海船位信息进行了提取，并认为 VIIRS DNB 数据可为渔业活动的监测提供可靠依据。张思宇（2017）通过数据滤波及阈值分割的方法从 VIIRS DNB 数据中提取海上渔船灯光信息并对南海渔业捕捞动态变化进行了研究。

参考文献

毕经武，董庆，薛存金，等，2015. 基于高度计遥感数据的北太平洋中尺度涡提取. 遥感学报，19(6)：935－946.

车斌，熊涛，2009. 南海争端对我国南海渔业的影响和对策. 农业现代化研究，30(4)：414－418.

陈新军，钱卫国，2004. 印度洋西北部海域鸢乌贼资源密度分布的初步分析. 上海水产大学学报，13(3)：218－223.

陈新军，叶旭昌，2005. 印度洋西北部海域鸢乌贼渔场与海洋环境因子关系的初步分析. 上海水产大学学报(1)：55－60.

陈雪忠，樊伟，崔雪森，等，2013. 基于随机森林的印度洋长鳍金枪鱼渔场预报. 海洋学报，14(1)：55－60.

陈炎，陈丕茂，2000. 南沙群岛金枪鱼资源初探. 远洋渔业(2)：7－10.

陈作志，邱永松，2002. 南海区海洋渔业资源现状和可持续利用对策. 湖北农学院学报，22(6)：507－510.

崔雪森，陈雪冬，樊伟，2007. 金枪鱼渔场分析预报模型及系统的开发. 高技术通讯，17(1)：100－103.

杜云艳，王丽敬，樊星，等，2014. 基于 GIS 的南海中尺度涡旋典型过程的特征分析. 海洋科学，38(1)：1－9.

樊伟，陈雪忠，崔雪森，2008. 太平洋延绳钓大眼金枪鱼及渔场表温关系研究. 海洋通报，27(1)：35－41.

樊伟，陈雪忠，沈新强，2006. 基于贝叶斯原理的大洋金枪鱼渔场速预报模型研究. 中国水产科学，13(3)：426－431.

樊伟，周甦芳，沈建华，2005. 卫星遥感海洋环境要素的渔场渔情分析应用. 海洋科学，29

(11)：67－72.
范江涛,陈作志,张俊,等,2016. 基于海洋环境因子和不同权重系数的南海中沙西沙海域鸢乌贼渔场分析. 南方水产科学,12(4)：57－63.
范江涛,冯雪,邱永松,等,2013. 南海鸢乌贼生物学研究进展. 广东农业科学,40(23)：122－128.
范江涛,张俊,冯雪,等,2017. 基于地统计学的南沙海域鸢乌贼渔场分析. 生态学杂志,36(2)：442－446.
范秀梅,伍玉梅,崔雪森,等,2016. 北太平洋叶绿素和海表温度锋面与鱿鱼渔场的关系研究. 渔业信息与战略,31(1)：44－53.
冯波,李忠炉,侯刚,2014. 南海大眼金枪鱼和黄鳍金枪鱼生物学特性及其分布. 海洋与湖沼,45(4)：886－894.
冯波,李忠炉,侯刚,2015. 南海深水延绳钓探捕渔获组成与数量分布. 热带海洋学报,34(1)：64－70.
国家水产总局南海水产研究所,1978. 西、中沙、南海北部海域大洋性鱼类资源调查报告(内部交流). 广州：国家水产总局南海水产研究所：1－87.
纪世建,周为峰,程田飞,等,2015. 南海外海渔场渔情分析预报的探讨. 渔业信息与战略,30(2)：98－105.
贾晓平,李永振,李纯厚,等,2004. 南海专属经济区和大陆架渔业生态环境与渔业资源. 北京：科学出版社.
黎祖福,吕慎杰,2013. 南海渔业产业现状及与东盟周边国家合作机制探讨. 海洋与渔业(12)：42－45.
李德仁,李熙,2015. 论夜光遥感数据挖掘. 测绘学报,44(6)：591－601.
李灵智,王磊,刘健,等,2013. 大西洋金枪鱼延绳钓渔场的地统计分析. 中国水产科学,(1)：199－205.
李朋,2014. 南海鸢乌贼的种群遗传结构. 上海：上海海洋大学.
刘必林,陈新军,钟俊生,2009. 采用耳石研究印度洋西北海域鸢乌贼的年龄、生长和种群结构. 大连水产学院学报,24(3)：206－212.
刘泽,2012. 中国近海锋面时空特征研究及现场观测分析. 青岛:中国科学院海洋研究所.
孟晓梦,叶振江,王英俊,2007. 世界黄鳍金枪鱼渔业现状和生物学研究进展. 南方水产,3(4)：74－80.
平博,苏奋振,杜云艳,等,2013. 基于引力模型的海洋锋信息提取. 地球信息科学学报,15(2)：187－192.
平博,苏奋振,杜云艳,等,2014. 北京一号数据检测渤海海洋锋. 遥感学报,18(3)：686－695.
钱卫国,陈新军,刘必林,等,2006. 印度洋西北海域秋季鸢乌贼渔场分布与浮游动物的关系. 海洋渔业,28(4)：265－271.
邱永松,曾晓光,陈涛,等,2008. 南海渔业资源与渔业管理. 北京：海洋出版社.
宋婷婷,樊伟,伍玉梅,2013. 卫星遥感海面高度数据在渔场分析中的应用综述. 海洋通报,32(4)：474－480.
粟丽,陈作志,张鹏,2016. 南海中南部海域春秋季鸢乌贼繁殖生物学特征研究. 南方水产科学,12(4)：96－102.

唐峰华,崔雪森,杨胜龙,等,2014. 海洋环境对中西太平洋金枪鱼围网渔场影响的GIS时空分析. 南方水产科学,10(2):18-26.
田思泉,陈新军,杨晓明,2006. 阿拉伯北部公海海域鸢乌贼渔场分布及其与海洋环境因子关系. 海洋湖沼通报(1):51-57.
王少琴,许柳雄,朱国平,等,2014. 中西太平洋金枪鱼围网的黄鳍金枪鱼CPUE时空分布及其与环境因子的关系. 大连海洋大学学报(3):303-308.
王欣,2012. 海洋中尺度涡自动识别与时空过程案例构建方法研究. 青岛:山东科技大学.
王中铎,郭昱嵩,颜云榕,等,2012. 南海大眼金枪鱼和黄鳍金枪鱼的群体遗传结构. 水产学报,36(2):191-201.
巫华梅,1986. 海洋初级生产力,营养要素及海洋生物资源. 海洋科学,6:62-65.
薛存金,苏奋振,周军其,2007. 基于小波分析的海洋锋形态特征提取. 海洋通报,26(2):20-27.
燕丹晨,仉天宇,李云,等,2015. 基于WA方法的2013年夏秋越南东南外海暖涡初步分析. 海洋预报,32(5):53-60.
杨德康,2002. 两种鱿鱼资源和其开发利用. 上海水产大学学报,11(2):176-179.
杨日晖,1984. 南海北部的金枪鱼围网渔业. 海洋渔业(6):257-259.
杨胜龙,周为峰,伍玉梅,等,2011. 西北印度洋大眼金枪鱼渔场预报模型建立与模块开发. 水产科学,30(11):666-672.
杨晓明,陈新军,周应祺,等,2006. 基于海洋遥感的西北印度洋鸢乌贼渔场形成机制的初步分析. 水产学报,30(5):669-675.
杨晓明,戴小杰,朱国平,2012. 基于地统计分析西印度洋黄鳍金枪鱼围网渔获量的空间异质性. 生态学报,32(15):4682-4690.
于刚,张洪杰,杨少玲,等,2014. 南海鸢乌贼营养成分分析与评价. 食品工业科技,35(18):358-361,372.
余为,陈新军,2012. 印度洋西北海域鸢乌贼9—10月栖息地适宜指数研究. 广东海洋大学学报(6):74-80.
张俊,邱永松,陈作志,等,2018. 南海外海大洋性渔业资源调查评估进展. 南方水产科学,14(6):118-127.
张鹏,杨吝,张旭丰,等,2010. 南海金枪鱼和鸢乌贼资源开发现状及前景. 南方水产,6(1):68-74.
张仁斋,1983. 三种金枪鱼类(鲣、黄鳍金枪鱼、扁舵鲣)的仔、稚鱼在南海的分布和产卵期. 海洋学报,5(3):368-375.
张思宇,2017. 基于夜间灯光数据的南海渔业捕捞动态变化研究. 南京:南京大学.
周甦芳,沈建华,樊伟,2004. ENSO现象对中西太平洋鲣鱼围网渔场的影响分析. 海洋渔业,26(3):167-172.
周甦芳,2005. 厄尔尼诺-南方涛动现象对中西太平洋鲣鱼围网渔场的影响. 中国水产科学,12(6):739-744.
周为峰,樊伟,崔雪森,等,2012. 基于贝叶斯概率的印度洋大眼金枪鱼渔场预报. 渔业信息与战略,27(3):214-218.
Asanuma I, 2017. Detection of temporal change of fishery and island activities by DNB and SAR

on the south China sea. International Scholarly and Scientific Research & Innovation, 11(2): 252-255.

Butler M J A, Mouchot M C , Barale V, et al. , 1988. The application of remote sensing technology to marine fisheries: an introductory manual. Rome: Food and Agriculture Organization of the United Nations.

Canny J, 1986. A computational approach to edge detection. IEEE Transactions on Pattern Analysis and Machine Intelligence (6): 679-698.

Chaigneau A, Gizolme A, Grados G, 2008. Mesoscale eddies off Peru in altimeter records: identification algorithms and eddy spatio-temporal patterns. Progress in Oceanography, 79(2-4): 106-119.

Chaigneau A, Pizarro O, 2005. Eddy characteristics in the eastern south Pacific. Journal of Geophysical Research Oceans, 110(C6): 2815-2826.

Chelton D B, Schlax M G, Samelson R M, 2011. Global observations of nonlinear mesoscale eddies. Progress in Oceanography, 91(2): 167-216.

Cho K, Ito R, Shimoda H, et al. , 1999. Technical Note and cover fishing fleet lights and sea surface temperature distribution observed by DMSP/OLS sensor. International Journal of Remote Sensing, 20(1): 3-9.

Chu T V, 2001. Assessment of relative abundance of fishes caught by gillnet in Vietnamese Waters. Bangkok: Proceedings of the SEAFDEC Seminar on Fishery Resources in the South China Sea, Area IV: Vietnamese Waters: 10-28.

Dagorn L, Petit M, Stretta J-M, 1997. Simulation of large-scale tropical tuna movements in relation with daily remote sensing data: the artificial life approach. BioSystems, 44(3): 167-180.

Dreyfus-Leon M, Kleiber P, 2001. A spatial individual behaviour-based model approach of the yellowfin tuna fishery in the eastern Pacific Ocean. Ecological Modelling, 146(1-3): 47-56.

Elvidge C D, Zhizhin M, Baugh K, et al. , 2015. Automatic Boat identification system for VIIRS low light imaging data. Remote Sensing, 7(3): 3020-3036.

Fang F, Morrow R, 2003. Evolution, movement and decay of warm-core leeuwin current eddies. Deep-Sea Research Part II, 50(12-13): 2245-2261.

FAO, 2010. Report of first workshop on the assessment of fishery stock status in South and Southeast Asia. Bangkok: Fisheries and Aquaculture Report No. 913.

Faure V, Inejih C, Demarcq H, et al. , 2000. Octopus recruitment success and retention processes in upwelling areas: the example of the Arguin Bank (Mauritania). Fisheries Oceanography, 4: 343-355.

Gaertner D, Dreyfus-Leon M, 2004. Analysis of non-linear relationships between catch per unit effort and abundance in a tuna purse-seine fishery simulated with artificial neural networks. ICES Journal of Marine Science, 61(5): 812-820.

Georgakarakos S, Koutsoubas D, Valavanis V, 2006. Time series analysis and forecasting techniques applied on loliginid and ommastrephid landings in Greek waters. Fisheries Research, 78(1): 55-71.

Hoang T, 2009. Ocean tuna fishing and marketing in VietNam. Vietfish, 6(1): 56-59.

Hwang C, Chen S A, 2000. Circulations and eddies over the south China sea derived from TOPEX/poseidon altimetry. Journal of Geophysical Research Oceans, 105(C10): 23943 - 23965.

Isernfontanet J, Garcíaladona E, Font J, 2003. Identification of marine eddies from altimetric maps. Journal of Atmospheric & Oceanic Technology, 20(5): 772 - 778.

Kai E T, Marsac F, 2010. Influence of mesoscale eddies on spatial structuring of top predators' communities in the Mozambique Channel. Progress in Oceanography, 86(1): 214 - 223.

Kiyofuji H, Saitoh S I, 2004. Use of nighttime visible images to detect Japanese common squid todarodes pacificus fishing areas and potential migration routes in the sea of Japan. Marine Ecology Progress, 276(1): 173 - 186.

Klemas V, 2013. Fisheries applications of remote sensing: An overview. Fisheries Research, 148: 124 - 136.

Kostianoy A G, Ginzburg A I, Frankingnoulle M, et al., 2004. Fronts in the southern Indian ocean as inferred from satellite sea surface temperature data. Journal of Marine Systems, 45(1 - 2): 55 - 73.

Labe L L, 1999. Catch rate of oceanic squid by jigging method in the South China Sea Area III: Western Philippines. Bangkok: Proceedings of the SEAFDEC Seminar on Fishery Resources in the South China Sea, Area III: Western Philippines: 19 - 31.

Liu Y, Saitoh S-I, Hirawake T, et al., 2015. Detection of squid and Pacific saury fishing vessels around Japan using VIIRS Day/Night Band Image. Asia-pacific Advanced Network, 39: 28 - 39.

Okubo A, 1970. Horizontal Dispersion of floatable particles in the vicinity of velocity singularities such as convergences. Deep Sea Research & Oceanographic Abstracts, 17(3): 445 - 454.

Ping B, Su F, Du Y, 2014. Bohai front detection based on multi-scale sobel algorithm. Quebec City: IEEE Geoscience and Remote Sensing Symposium: 4423 - 4426.

Roemmich D, Gilson J, 1999. Eddy transport of heat and thermocline waters in the north Pacific: a key to interannual/decadal climate variability. Journal of Physical Oceanography, 31(3): 675 - 688.

Sadarjoen I A, Post F H, 2000. Detection, quantification, and tracking of vortices using streamline geometry. Computers & Graphics, 24(3): 333 - 341.

Thayer J A, Bertram D F, Hatch S A, et al., 2008. Forage fish of the Pacific Rim as revealed by diet of a piscivorous seabird: synchrony and relationships with sea surface temperature. Canadian Journal of Fisheries and Aquatic Sciences, 65(8): 1610 - 1622.

Waluda C M, Griffiths H J, Rodhouse P G, 2008. Remotely sensed spatial dynamics of the Illex argentinus fishery, Southwest Atlantic. Fisheries Research, 91(2 - 3): 196 - 202.

Wang D X, Liu Y, Qi Y, et al., 2001. Seasonal variability of thermal fronts in the northern south China sea from satellite data. Geophysical Research Letters, 28(20): 3963 - 3966.

Wang X, zhou C H, Fan X, et al., 2013. An improved, SSH-Based method to automatically identify mesoscale eddies in the ocean. 热带海洋学报(2): 15 - 23.

Weiss J, 1991. The dynamics of enstrophy transfer in two-dimensional hydrodynamics. Physica D Nonlinear Phenomena, 48(2 - 3): 273 - 294.

Yi J, Du Y, He Z, et al., 2014. Enhancing the accuracy of automatic eddy detection and the capability of recognizing the multi-core structures from maps of sea level anomaly. Ocean Science, 10(1): 39-48.

Zagaglia C R, Lorenzzetti J A, Stech J L, 2004. Remote sensing data and longline catches of yellowfin tuna (Thunnus albacares) in the equatorial Atlantic. Remote Sensing of Environment, 93(1-2): 267-281.

Zainuddin M, Saitoh K, Saitoh S I, 2008. Albacore (Thunnus alalunga) fishing ground in relation to oceanographic conditions in the western North Pacific Ocean using remotely sensed satellite data. Fisheries Oceanography, 17(2): 61-73.

Zuyev G, Nigmatullin C, Chesalin M, et al., 2002. Main results of long-term worldwide studies on tropical nektonic oceanic squid genus sthenoteuthis: an overview of the soviet investigations. Bulletin of Marine Science, (2): 1019-1060.

第2章 南海主要环境因子分布特征

研究南海主要环境因子的分布特征,有助于了解该区域内的环境因子时空变化特征,为南海外海渔业开发和管理提供环境参考,实现海洋渔业资源的平衡、有效利用。本章采用南海及邻近海区 2010~2014 年 SST、海表面高度异常(sea surface height anomaly, SSHA)及 2006~2015 年南海日净初级生产力(net primary productivity, NPP)数据产品,分析南海 SST 和 SSHA 的时空分布,主要比较 VGPM(Vertically Generalized Production Model)、Eppley - VGPM 和 CbPM(Carbon-based Production Model)三种模型估算得到的 NPP 数据产品在传统渔区上的分布情况,找出适宜各渔区的模型产品,为更好地进行南海外海渔情预报研究提供依据。

2.1 数据来源

海洋环境数据主要采用的是海洋遥感所获得的 SST、SSHA 和海洋 NPP 产品。SST 数据来自美国北加利福尼亚州致力于微波遥感研究的机构 Remote Sensing Systems,该数据是由卫星微波辐射计和热红外辐射计获得的 SST 数据通过最优插值方法进行融合得到的日数据产品,空间分辨率为 9 km;SSHA 数据来源于法国空间研究中心(Centre National D'etudes Spatiales, CNES)卫星海洋数据中心,是由多卫星(Topex/Poseidon、Jason - 1、Jason - 2、Envisat、ERS - 1、ERS - 2 和 Cryosat - 2)融合的高度辐射计 SSHA 日合成产品,空间分辨率为 0.25° × 0.25°;日 NPP 数据来源于美国俄勒冈州立大学(Oregon State University)科学学院网站,网址为: http://www.science.oregonstate.edu/ocean.productivity/custom.php,空间分辨率为(1/6)°。

本书采用的 2006~2015 年日 NPP 数据包括 VGPM、Eppley - VGPM 以及 CbPM 三种模型估算得到的 8 天和月平均全球海洋初级生产力数据。三类模型均采用了 MODIS 传感器反演的叶绿素浓度和 SST 数据。

VGPM 和 Epply－VGPM 模型是基于叶绿素浓度进行海洋 NPP 的估算。计算公式为（Ryther et al.，1956；Bannister，1974；Talling，1957；Lee et al.，2015）

$$NPP = \varphi \times Chl \times PAR \quad (2.1)$$

式中，NPP 为净初级生产力；φ 为光合作用速率；Chl 为叶绿素浓度；PAR 为光合有效辐射。

VGPM 最初由 Behrenfeld 和 Falkowski（1997）提出，是一种常用的估算区域和全球海洋 NPP 的算法；Eppley－VGPM 模型是 VGPM 模型的变体，二者的不同之处在于对光合作用中的碳固定速率计算不同，VGPM 模型是利用 SST 的多项式来获得这个速率的，而 Eppley－VGPM 模型参考了 Eppley 及 Morel 等研究者的模型（Eppley，1972；Morel，1991），采用 SST 的指数程式来获得碳固定速率。

CbPM 模型采用了 MODIS 传感器获得的后向散射系数（b_{bp}）对浮游植物有机碳（C）进行估算，并通过叶绿素（Chl）浓度与有机碳的比值（Chl/C）、有效光合辐照度（PAR）、490 nm 的下行慢衰减系数（K_{490}）以及混合层深度（MLD）等，来估算浮游植物的生长速率（u），本数据采用的计算公式为（Behrenfeld et al.，2005）

$$NPP = C \times u \times Z_{eu} \times h(I_0) \quad (2.2)$$

式中，Z_{eu} 和 $h(I_0)$ 分别为真光层深度和光对浮游植物碳深度变化的影响。

2.2 南海海表温度和海面高度异常的时空分布

2.2.1 南海海表温度时空分布特征

由图 2－1 可知，南海各月 SST 分布存在差异，以 6 月温度最高，整个南海区域内 SST 相差不明显，均在 30℃左右。4 月、7～9 月温度较高，9 月之后温度开始降低。夏季（6～8 月）最高，秋季（9～11 月）温度次之，春季（3～5 月）和冬季（12 月至翌年 2 月）较低，1～12 月各月平均 SST 分别为 25.7℃、25.6℃、26.2℃、27.2℃、28.7℃、29.2℃、29.3℃、29.1℃、29℃、28.3℃、27.6℃ 和 26.7℃，均超过 25℃。同时可以看出，南海区域内 SST 由南向北递减，在北部湾、雷州半岛和台湾岛附近形成低值区，而在 7～9 月，均在越南大陆架东部区域形成低值区。

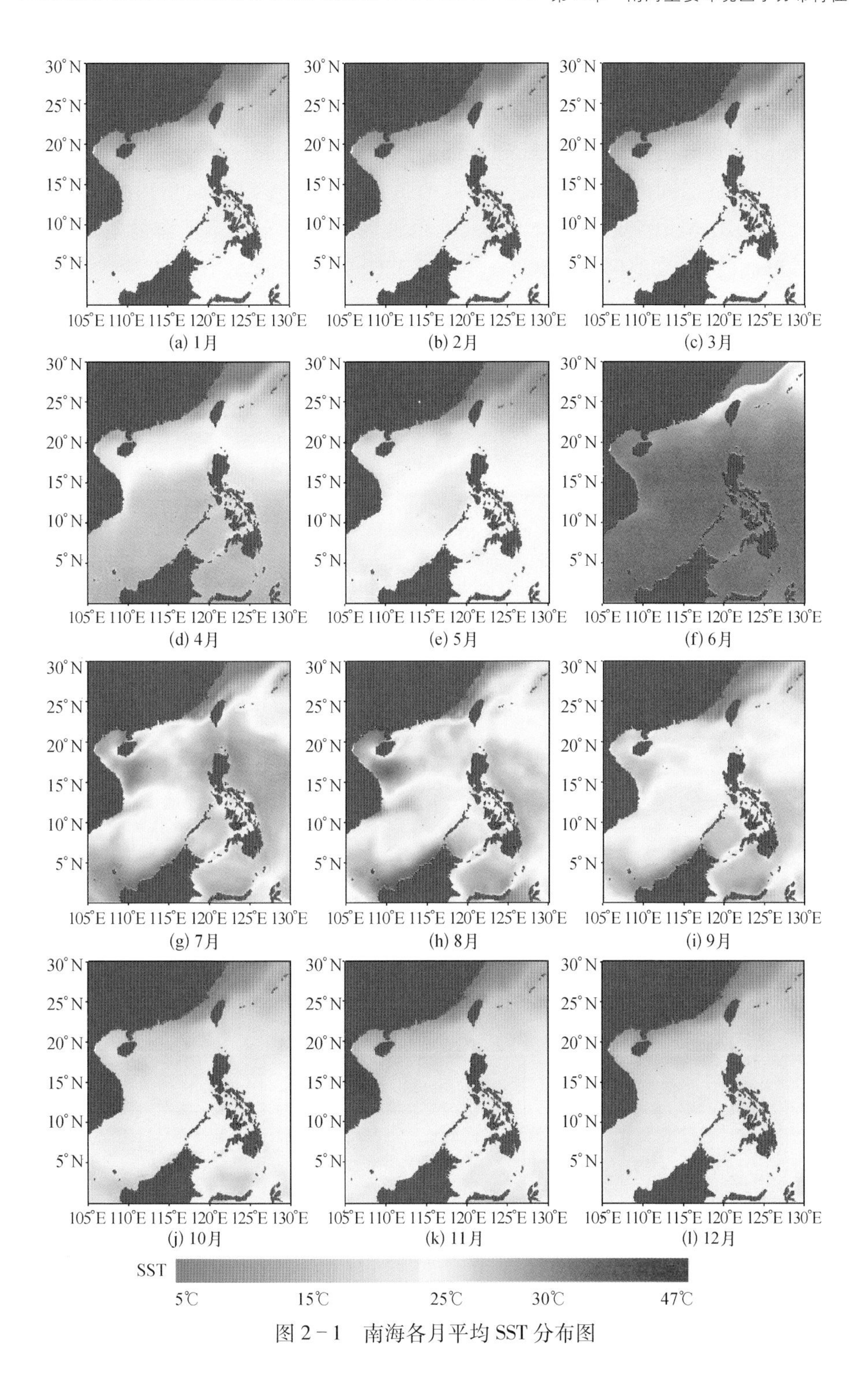

图 2-1 南海各月平均 SST 分布图

2.2.2 南海海表面高度异常时空分布特征

如图 2-2 所示，南海各月 SSHA 分布差异较明显，1 月高值区主要集中在南沙群岛附近海区，以越南大陆架东部海区最高，低值区主要分布在东沙群岛以及中沙群岛之间海区内，形成一个低值带；2 月 SSHA 以西向东递减，高值区还在 5°N~10°N，105°E~110°E 区域内，低值区主要分布在东沙群岛附近；3 月 SSHA 开始降低，高值区范围减少，低值区范围扩大；4 月高值区转移到西沙群岛附件，形成一个高值中心区，低值区主要在雷州半岛东、西海岸、台湾岛以及东沙群岛附近区域；5 月高值区在西沙群岛附近，而低值区则在高值区外围；6 月高值区较 5 月开始扩大，而低值区范围逐渐减小；7 月高值区进一步扩散，而低值区域主要出现在大陆架沿海区域；8 月较 7 月变化最明显的是越南大陆架东部低值区域范围的扩大；9 月，越南大陆架东部的低值区形成低值中心，并且在北部湾附近，SSHA 增大；10 月高值区域主要集中在北部湾，雷州半岛东、西海岸，琼州海峡以及北部大陆架区域，低值区主要集中在西沙群岛附近海域；11 月 SSHA 在北部大陆架区域开始降低，但处于高值区，越南东部大陆架区的 SSHA 增高，并且范围较 10 月向东扩大，而低值区范围在缩小；12 月高值区进一步扩大，低值区进一步缩小。1 月、2 月、10 月、11 月、12 月的 SSHA 沿海区域高于外海，4~8 月的 SSHA 外海高于沿海区域，而 3 月、9 月处于过渡阶段。

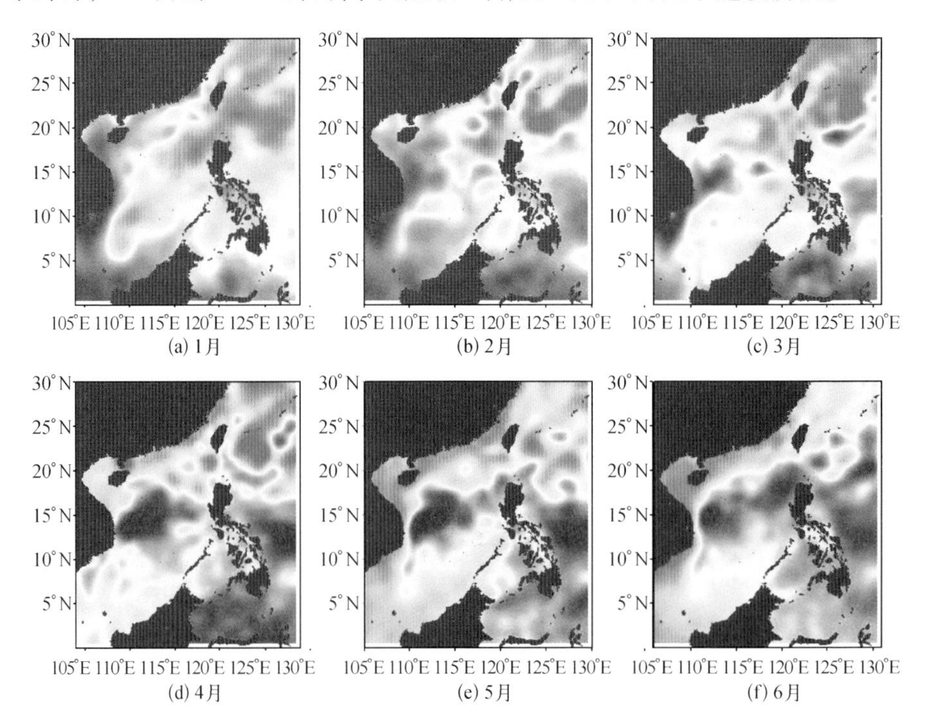

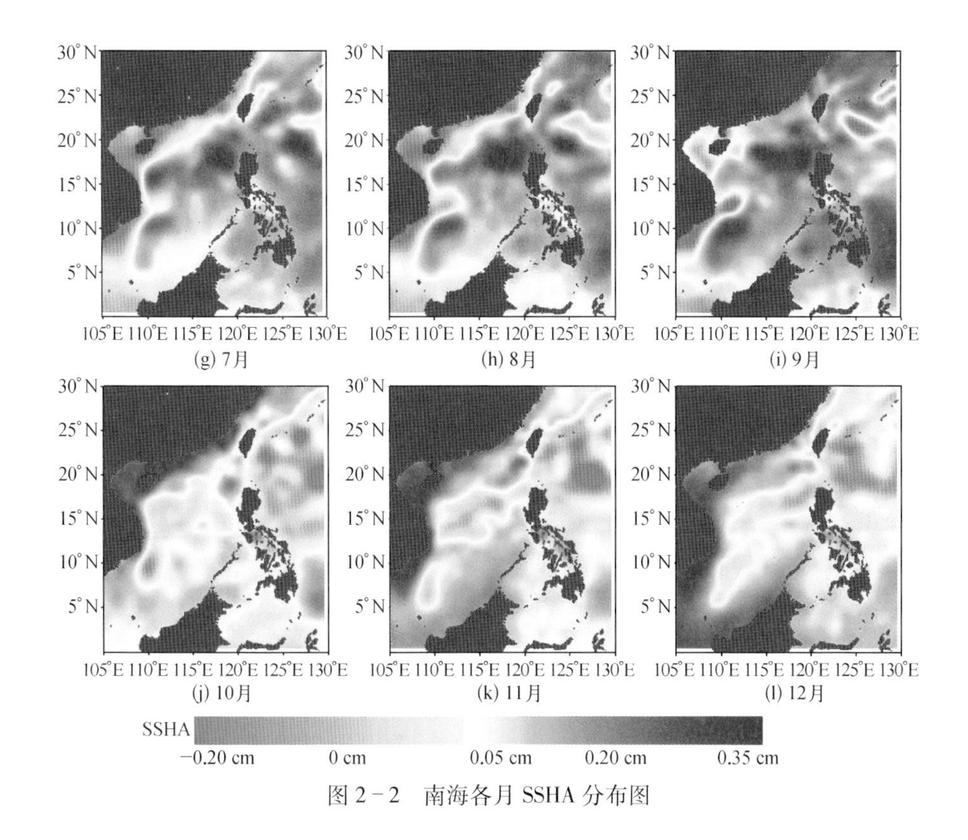

图 2-2　南海各月 SSHA 分布图

2.3　净初级生产力卫星数据产品在传统渔区上的比较与分布

这部分将以南海为研究区域，以南海的传统渔区为基本统计单元，为去除经度上的差异，将北部渔区和中部渔区分别划分东西两部分进行分析，因此本书基于北部渔区西部（17.5°N～22°N，106°E～113.5°E）、北部渔区东部（19.5°N～23°N，113.5°E～121°E）、中部渔区西部（10°N～17.5°N，106.5°E～113.5°E）、中部渔区东部（9.5°N～19.5°N，113.5°E～120°E）和南部渔区（2.5°N～10°N，106°E～117°E）进行研究。

2.3.1　年际分布

北部渔区西部[图 2-3(a)]年际变化呈波动分布，存在明显的波峰和波谷。三种模型估算的日 NPP 逐年平均值均在 2008 年、2013 年处形成峰值。三种模型估算的值差异显著，基于 Eppley-VGPM 估算的 NPP 值最高，VGPM 估算的值次之，CbPM 估算的值最低。三种模型估算值在 2006～2015 年的波动变化不一致,VGPM 模型估算的值在 2008 年、2011 年、2013 年出现波峰,波谷出现在 2012 年,且该模型每年的 NPP 值差异很小,均分布在 1 012 ~ 1 179 mg C/(m^2 · d)。Eppley - VGPM 模型估算的值在 2008 年、2013 ~ 2015 年均超过 1 500 mg C/(m^2 · d),其他年份的 NPP 平均值大致在 1 400 mg C/(m^2 · d)附近。CbPM 模型估算的 NPP 值波峰出现在 2008 年,之后急剧下降,波谷出现在 2009 ~ 2011 年,最高值出现在 2013 年。

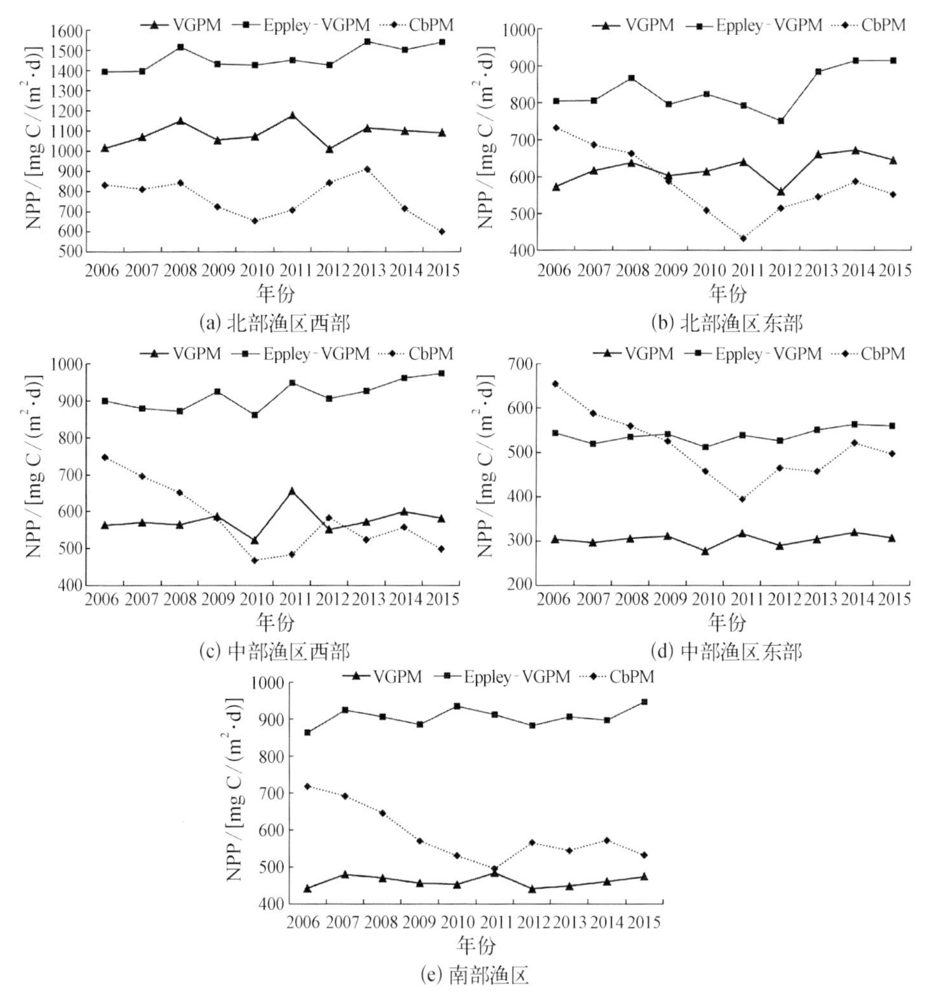

图 2-3 各个区域日净初级生产力逐年平均值

北部渔区东部[图 2-3(b)]VGPM 和 Eppley - VGPM 估算值的年际变化趋势基本一致,两个模型估算的值大致在 2006 ~ 2008 年呈上升变化,2009 年下降,之后又开始上升,VGPM 在 2011 年达到峰值点,而 Eppley - VGPM 在 2010

年后就开始下降，两个模型估算的值同时在2012年处达到波谷后，2013~2014年持续升高，到2015年，VGPM模型估算的值开始下降，而Eppley－VGPM估算的值还是呈上升趋势，这是两个模型估算的年际变化趋势中的异同点。CbPM估算的值从2006年一直呈下降趋势，到2011年降为最低值，之后再升高，到2015年开始下降。此外，三种模型估算的南海北部渔区东部每年的日NPP水平明显不一致，Eppley－VGPM估算的值较大，大约是VGPM估算值的1.3倍。

中部渔区西部[图2－3(c)]三种模型估算的值差异非常明显，VGPM估算值在2010年达到最小，2011年的值最大，其他年份的估算值均在550~600 mg C/(m^2·d)。Eppley－VGPM估算值在2006~2008年缓慢下降，到2009年开始上升，到2010年又下降超过60 mg C/(m^2·d)，到2011年迅速上升，到2012年下降后一直呈上升趋势。CbPM估算值从2006年开始持续下降，到2010年降为最低值后开始上升，到2012年升为小高峰，2012~2015年为此起彼伏的变化趋势。

中部渔区东部[图2－3(d)]三种模型估算值差异较大，其中，VGPM和Eppley－VGPM估算值在10年内呈平稳波动变化，基本趋势大体一致，均在2010年为水平最低，但Eppley－VGPM估算的值较高，大约为VGPM的1.8倍。CbPM从2006年开始下降，到2011年降为最低值，2012~2015年呈波动变化状态，整体是下降的趋势。

南部渔区[图2－3(e)]VGPM估算的值在10年内的变化不显著，除在2011年达到一个小高峰外，10年的NPP水平均分布在440~480 mg C/(m^2·d)，所估算的南部渔区的值在所有模型中最低。Eppley－VGPM估算值呈平稳波动变化，10年的NPP均分布在860~950 mg C/(m^2·d)，大约为VGPM估算值的2倍。CbPM估算出南部渔区2006~2015年这10年的NPP变化趋势与北部渔区东部、中部渔区东部具有一致性。

图2－3显示，NPP在南海各区域内年平均值存在明显的区域性，北部渔区的NPP水平高于南部渔区和中部渔区，其中在经度方向上，西部区域的NPP值较东部区域高。

2.3.2　季节分布

北部渔区西部[图2－4(a)]VGPM估算的NPP值冬季(12月至次年2月)最高，到春季(3~5月)逐渐降低，夏季(6~8月)降到一年中最低水平，秋季(9~11月)又开始回升，表现为冬季最高，春季次之，夏季最低。Eppley－VGPM估算的值波峰出现在夏季，7月达到最高值，到9月后开始缓慢下降，冬季达到最

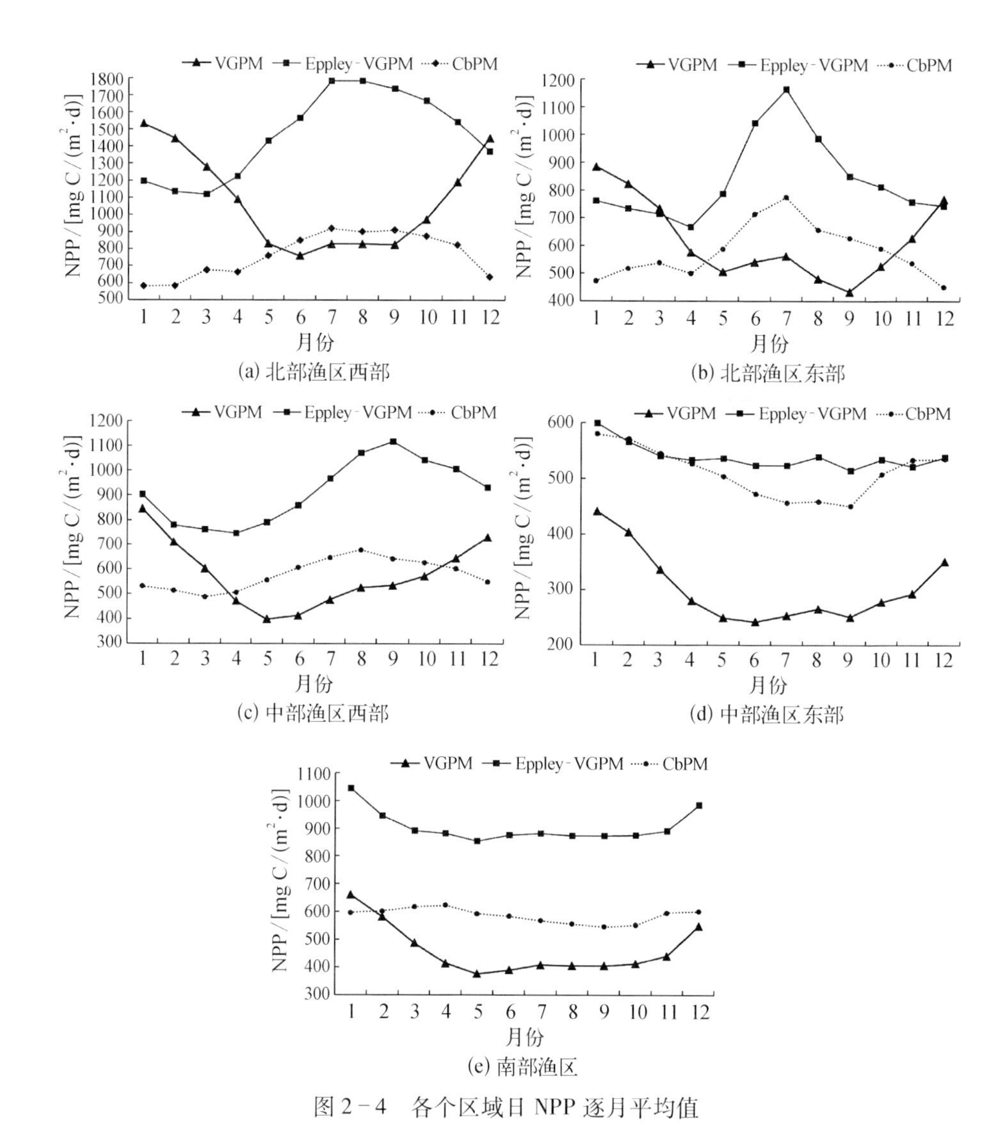

(a) 北部渔区西部

(b) 北部渔区东部

(c) 中部渔区西部

(d) 中部渔区东部

(e) 南部渔区

图 2-4 各个区域日 NPP 逐月平均值

低，秋季仅次于夏季。CbPM 估算的值与 Eppley - VGPM 估算的值具有一致的季节分布规律，夏季最高，秋季次之，冬季最低。

北部渔区东部[图 2-4(b)]VGPM 估算值在一年中以冬季最高，春季次之，夏季和秋季相当，但数据显示，9 月后 NPP 逐渐上升，一年中以 8 月、9 月的 NPP 最低。Eppley - VGPM 和 CbPM 估算的值在一年内的变化具有相似性，波峰和波谷具有一致性，同时在夏季形成波峰，在 4 月和 12 月形成波谷。不同之处在于 Eppley - VGPM 估算值在春季最低，而 CbPM 估算值在冬季最低。另外，两个模型估算值差异很大，Eppley - VGPM 估算值是 CbPM 的 1.4 倍。

中部渔区西部[图2-4(c)]VGPM估算值与北部渔区的NPP季节变化一致,冬季最高,秋季次之,夏季最低。Eppley-VGPM估算值在8~10月形成波峰,秋季最高,夏季次之,春季最低。CbPM模型估算值在一年中变化与Eppley~VGPM模型具有相似的趋势性,在7~9月形成波峰,季节分配不同,夏季NPP最高,秋季次之,春季最低。

中部渔区东部[图2-4(d)]VGPM估算值在冬季最高,夏季最低,春季和秋季相当,只有270~280 mg C/(m^2·d)。Eppley-VGPM估算值不能体现出季节变化。CbPM估算值在9月形成波谷,一年中以冬季最高,春季次之,夏季最低。

南部渔区[图2-4(e)]VGPM估算值在冬季最高,其他季节的NPP水平大体分布在400~426 mg C/(m^2·d)。Eppley-VGPM估算值在冬季最高,其他季节的NPP水平不能体现季节变化。CbPM估算值在春季形成一个小波峰,冬季次之,秋季最低。

2.3.3　空间分布

由VGPM估算的NPP值[图2-5(a)]在空间上分布主要形成两大低值区和沿海高值区,最高值达3 400 mg C/(m^2·d),最低值仅为250 mg C/(m^2·d),以河口海域最高,深海海盆区域最低。北部渔区西部高值区主要分布在北部湾,雷州半岛东、西海岸的浅近海至琼州海峡,NPP值由北向南递减,整个渔区NPP值均较高。北部渔区东部的高值区主要分布在珠江口、北部大陆架区域,并由北向南递减,在吕宋海峡西部形成一个低值区。中部渔区西部,高值区主要分布在湄公河口区域以及越南东部大陆架区域,NPP自西向东递减。中部渔区东部因处于北部深水海盆区域,形成一个低值中心,NPP值较其他渔区而言最低。南部渔区的高值区域主要分布在湄公河入海口南部,马来西亚西部大陆架区域,低值中心主要位于南部深水海盆区域。

由Eppley-VGPM估算的NPP值[图2-5(b)]在空间上分布与VGPM估算的值具有相似性,但估算值远比其他两类模型高,最高值达5 406 mg C/(m^2·d),最低值为480 mg C/(m^2·d)。北部渔区西部,在整个北部湾区域,雷州半岛东、西海岸至琼州海峡区域NPP值较高。在北部渔区东部,珠江口的NPP值较附近大陆架区域高,并自北向南递减,在东沙群岛附近形成一个高值区,在吕宋海峡西部形成一个明显的低值区。中部渔区西部,在湄公河河口、越南东部大陆架区域形成高值区,西沙群岛附近的NPP值较周围区域高。在中部渔区东部,大部分区域处于低值区。在南部渔区,沿海区域的NPP值较外海高,在南部深水海盆形成一个低值中心。

CbPM 估算的 NPP 值[图 2-5(c)]在空间上分布差异也很明显,最高值只有 1 950 mg C/(m^2·d),最低值为 450 mg C/(m^2·d)。在北部渔区西部,高值区主要集中在雷州半岛东、西海岸的浅近海至琼州海峡附近,在北部湾由近岸向中央区域逐渐减少。在北部渔区东部,珠江口的 NPP 值与北部大陆架区域相当,明显低于雷州半岛附近的 NPP 值,同时可以看到,在北部渔区东部的东沙群岛附近出现一个小高值中心,并在东西两侧各形成一个低值区域。在中部渔区西部,除湄公河入海口附近外,其他区域的 NPP 值较附近大陆架区域低,平均值在 650 mg C/(m^2·d)左右。在中部渔区东部的深水海盆区域,可以看出这里形成一个面积较大的不规则的低值区,跨越的纬度范围较广。南部渔区与其他两个模型估算产品的空间分布具有相似性。

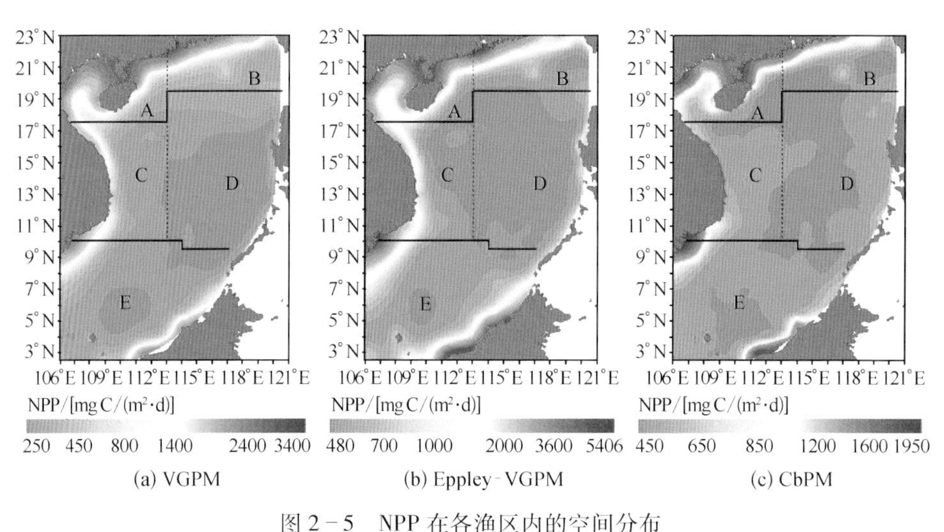

图 2-5　NPP 在各渔区内的空间分布

A. 北部渔区西部;B. 北部渔区东部;C. 中部渔区西部;D. 中部渔区东部;E. 南部渔区

参考文献

车斌,熊涛, 2009. 南海争端对我国南海渔业的影响和对策. 农业现代化研究,30(4): 414-418.

陈作志,邱永松, 2002. 南海区海洋渔业资源现状和可持续利用对策. 湖北农学院学报,22(6): 507-510.

廖瑶,吕达仁,何晴, 2014. MODIS、MISR 与 POLDER3 种全球地表反照率卫星反演产品的比较与分析. 遥感技术与应用,29(6): 1008-1019.

邱永松,曾晓光,陈涛,等,2008. 南海渔业资源与渔业管理. 北京: 海洋出版社: 3-115.

唐世林,陈楚群,詹海刚. 海洋初级生产力的遥感研究进展. 应用海洋学学报,2006,25(4): 591-598.

吴培中,2000. 海洋初级生产力的卫星探测. 国土资源遥感(3): 7-15.

张鹏,杨吝,张旭丰,等, 2010. 南海金枪鱼和鸢乌贼资源开发现状及前景. 南方水产,6(1): 68 - 74.

Bannister T T, 1974. Production equations in terms of chlorophyll concentration quantum yield and upper limit to production. Limnology Oceanography, 19(1): 1 - 12.

Behrenfeld M J, Falkowsk P G, 1997a. A consumer's guide to phytoplankton primary productivity models. Limnology and Oceanography, 42(7): 1479 - 1491.

Behrenfeld M J, Falkowski P G, 1997b. Photosynthetic rates derived from satellite-based chlorophyll concentration. Limnology and Oceanography, 42(1): 1 - 20.

Behrenfeld M J, Boss E, Siegel D A, et al., 2005. Carbon - based ocean productivity and phytoplankton physiology from space. Global Biogeochemical Cycles, 19(1): 177 - 202.

Campbell, J W, Antoine D, Armstrong R, et al., 2002. Comparison of algorithms for estimating ocean primary production from surface chlorophyll, temperature, and irradiance. Global Biogeochem Cycles, 16(3): 1035, doi: 10.1029/2001GB001444.

Carr M E, Friedrichs M A M, Schmeltz M, et al., 2006. A comparison of global estimates of marine primary production from oceancolor. Deep Sea Research Part II Topical Studies in Oceanography, 53(5 - 7): 741 - 770.

Eppley R W, 1972. Temperature and phytoplankton growth in the sea. Fishery Bulletin, 70: 1063 - 1085.

Kiefer D A, Mitchell B G, 1983. A simple, steady state description of phytoplankton growth based on absorption cross section and quantum efficiency. Limnology & Oceanography, 28(4): 770 - 776.

Lee Y J, Matrai P A, Friedrichs, M A M, et al., 2015. An assessment of phytoplankton primary productivity in the arctic ocean from satellite ocean color/in situ chlorophyll-a based models. Journal of Geophysical Research: Oceans, 120(9): 6508 - 6541.

Lee Z, Marra J, Perry M J, et al., 2015. Estimating oceanic primary productivity from ocean color remote sensing: a strategicassessment. Journal of Marine Systems, 149: 50 - 59.

Morel A, 1991. Light and marine photosynthesis: a spectral model with geochemical and climatological implications. Progress in Oceanography, 26(3): 263 - 306.

Ryther J H, Hole W, 1956. Photosynthesis in the ocean as a function of light intensity. Limnology and Oceanography, 1(1): 61 - 70.

Saba V S, Friedrichs M A M, Mary-Elena C, et al., 2010. Challenges of modeling depth—integrated marine primary productivity over multiple decades: A case study at BATS and HOT. Global Biogeochemical Cycles, 24(3): 811 - 829.

Talling J, 1957. The phytoplankton population as a compound photosynthetic system. New Phytologist, 56(2): 133 - 149.

Westberry T K, Behrenfeld M J, Siegel D A, et al., 2008. Carbon-based primary productivity modeling with vertically resolved photoacclimation. Global Biogeochemical Cycles, 22(2): GB2024, doi: 10.1029/2007GB003078.

第3章 南海及邻近海域黄鳍金枪鱼渔场时空分布与海表温度的关系

研究南海及邻近海域黄鳍金枪鱼渔场时空分布与SST的关系,有助于了解区域内黄鳍金枪鱼的最适栖息SST环境,为渔业资源管理和开发提供环境参考,实现海洋渔业资源的可持续利用。鉴于目前关于南海及邻近海域的黄鳍金枪鱼渔场和SST的时空分布及二者关系的研究还是空白,本章主要采用南海及邻近海域1982~2011年的SST数据,结合同期黄鳍金枪鱼的捕获量数据,分析南海及邻近海域黄鳍金枪鱼渔场和SST在30年间的时空变化特征及二者关系,找出南海及邻近海域黄鳍金枪鱼最适宜栖息SST范围,以期为构建南海及邻近海域金枪鱼渔情预报模型提供理论依据和参考。

3.1 数据来源

3.1.1 渔业数据

渔业数据为中西太平洋渔业委员会(Western Central Pacific Fisheries Commission, WCPFC)发布的金枪鱼延绳钓产量数据。该数据记录了分月、分鱼种的5°×5°经纬度单元网格内的下钩数、统计产量和统计尾数。数据中的经纬度记录的是每个单元格西南角的地理经纬度,本书选取了时间长度为1982年1月~2011年12月,范围在105°E~125°E、0°~25°N内的数据作为南海及其领近海域历史统计数据。为了便于描述,把一个5°×5°经纬度网格视作一个渔区,将研究区域分为20个渔区(图3-1)。

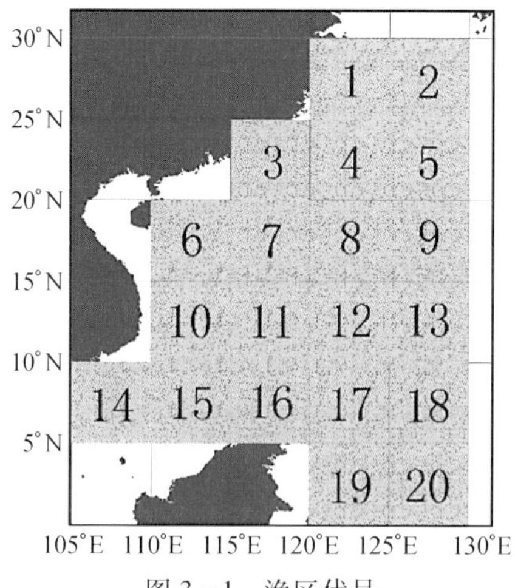

图3-1 渔区代号

3.1.2　海表温度数据

SST 数据采用美国国家海洋和大气管理局（National Oceanic and Atmospheric Administration，NOAA）的气候预报中心提供的 SST 最优插值数据（optimum interpolation SST，OISST），时间分辨率为 1 个月，空间分辨率为 1°×1°，时间为 1981 年 12 月起至今（该数据持续更新）。为与渔业数据相对应，本章仅选取其中 1982 年 1 月~2011 年 12 月的数据进行研究。

3.2　研究方法

3.2.1　单位捕捞努力量渔获量的计算及划分标准

CPUE 是指一个捕捞努力量单位所获得的渔获尾数或重量，可以表征某统计单元的渔业资源丰度（田思泉和陈新军，2010）。每 5°×5°的渔区内 CPUE 的计算公式为

$$\mathrm{CPUE}_{(i,j)} = \frac{N_{\mathrm{fish}(i,j)} \times 1\,000}{N_{\mathrm{hook}(i,j)}} \tag{3.1}$$

式中，$\mathrm{CPUE}_{(i,j)}$、$N_{\mathrm{fish}(i,j)}$、$N_{\mathrm{hook}(i,j)}$分别为第 i 个经度、第 j 个纬度处的渔区网格 CPUE（单位：ind/千钩）、渔获尾数、实际下钩数。利用式（3.1）可计算 1982~2011 年各月各渔区网格内的 CPUE，共 5 136 条 CPUE 记录。计算出所有 CPUE 的平均值、标准差和四分位数（Q1~Q3）并将大于 Q3（第三个四分位数）的 CPUE 称为高 CPUE，而其所属的渔区可视作南海及邻近海域黄鳍金枪鱼的高产渔区。

3.2.2　渔场海表温度网格计算

由于 SST 的数据空间分辨率为 1°×1°，为和渔业数据匹配，需将 SST 数据先进行空间算术平均计算，归并成 5°×5°的空间格网，再将 1982~2011 年的 SST 按月分组，对每个渔区的空间平均 SST 数据再次求平均，得到各个渔区各月的平均 SST。

3.2.3　单位捕获努力量渔获量和海表温度时空分析及关系分析

把 CPUE 数据按月分别和 SST 进行匹配，利用 ArcMap 软件在空间上进行数据叠加，绘制 CPUE 和 SST 叠加后的时空分布图，分析 CPUE 和 SST 的时空分布特征。再将 1982~2011 年中的 5 136 条 CPUE 记录进行统计，得到 CPUE

的第三分位数 Q3 为 5.7ind/千钩,将大于 Q3 的 CPUE 称为高 CPUE,小于 Q3 并大于0 的 CPUE 称为低 CPUE,等于0 的 CPUE 称为零 CPUE。对零 CPUE、低 CPUE 和高 CPUE 进行频次分析,计算各自在各 SST 区间占该区间的 CPUE 总频次的百分比,公式如下:

$$P_{C,t} = \frac{N_{C,t}}{N_t} \times 100\% \tag{3.2}$$

式中,C 为 CPUE 的类别(零 CPUE、低 CPUE 或高 CPUE);t 为间隔为 1℃的 SST 区间,其是 15~31℃的 SST 序列;$P_{C,t}$ 为在 t 区间 C 类别占该区间所有类别的百分比;$N_{C,t}$ 为 C 类别在 t 区间出现的频次;N_t 为在 t 区间 CPUE 记录的条数。最后,统计出各 CPUE 的 SST 均值和标准差,分析 CPUE 和 SST 的关系。

3.2.4 最适海表温度区间计算

南海及邻近海域黄鳍金枪鱼最适 SST 区间分别通过频次分析和经验累积分布函数(empirical cumulative distribution function, ECDF)得到(Zainuddin et al., 2008)。计算与高 CPUE 对应的 SST 的平均值和标准差,以及最适 SST 区间(平均值±标准差);计算高 CPUE 与 SST ECDF 及最适 SST 区间[最大 $D(t)$ 处的 SST 值±标准差]。ECDF 方法如下:

$$f(t) = \frac{1}{n}\sum_{i=1}^{n} l(x_i) \qquad l(x_i) = \begin{cases} 1, x_i \leq t \\ 0, x_i > t \end{cases} \tag{3.3}$$

$$g(t) = \frac{1}{n}\sum_{i=1}^{n} \frac{y_i}{\bar{y}} l(x_i) \tag{3.4}$$

$$D(t) = | f(t) - g(t) | \tag{3.5}$$

式(3.3)~式(3.5)中,$f(t)$ 为 ECDF;$g(t)$ 为高 CPUE 权重 ECDF; $l(x_i)$ 为分段函数;$D(t)$ 为 t 时刻处 $f(t)$ 与 $g(t)$ 差的绝对值,用 Kolmogorov - Smirnov(K - S)方法进行检验;n 为高 CPUE 样本个数;t 为 SST 区间,其是以 0.2℃为间距从低到高排列的 SST 序列;x_i 为第 i 个样本对应的 SST 值;y_i 为第 i 个样本对应的 CPUE; $\bar{y}$ 为所有高 CPUE 样本的平均 CPUE。根据给定的显著水平 α,采用 K - S 方法检验统计量。

3.3　结果与分析

3.3.1　单位捕捞努力量渔获量和海表温度的时空分布

1982~2011年月平均CPUE的平均值为3.6 ind/千钩(SD=±3.9 ind/千钩，n=5 136)，四分位数Q1是0 ind/千钩，Q2是2.6 ind/千钩，Q3是5.7 ind/千钩。从全年整体看各月的CPUE空间分布纬向上黄鳍金枪鱼渔场(CPUE>Q3)在5~10月集中分布在10°N~20°N(图3-2)，0°~5°N纬度带靠东的2个渔区(渔区19和20)在11月和12月CPUE较高；经向上黄鳍金枪鱼渔场没有明显的集中区域。一年中在25°N以北(渔区1和2)、菲律宾群岛附近(渔区12和17)以及越南南部海域(渔区14)CPUE值都很低，甚至在一些月份没有CPUE显示，南海西沙海域的3个渔区(渔区6、10和11)常年显示较高的CPUE。在春季和夏季(3~8月)，位于10°N~20°N的大部分渔区CPUE较高，其南北侧CPUE较低。到秋季和冬季(9月到次年2月)，渔场区域向南拓宽，在渔区15、16、18、19和20均会形成渔场。

南海及邻近海域总体SST常年较高，最高温度可达30℃。低温区域主要分

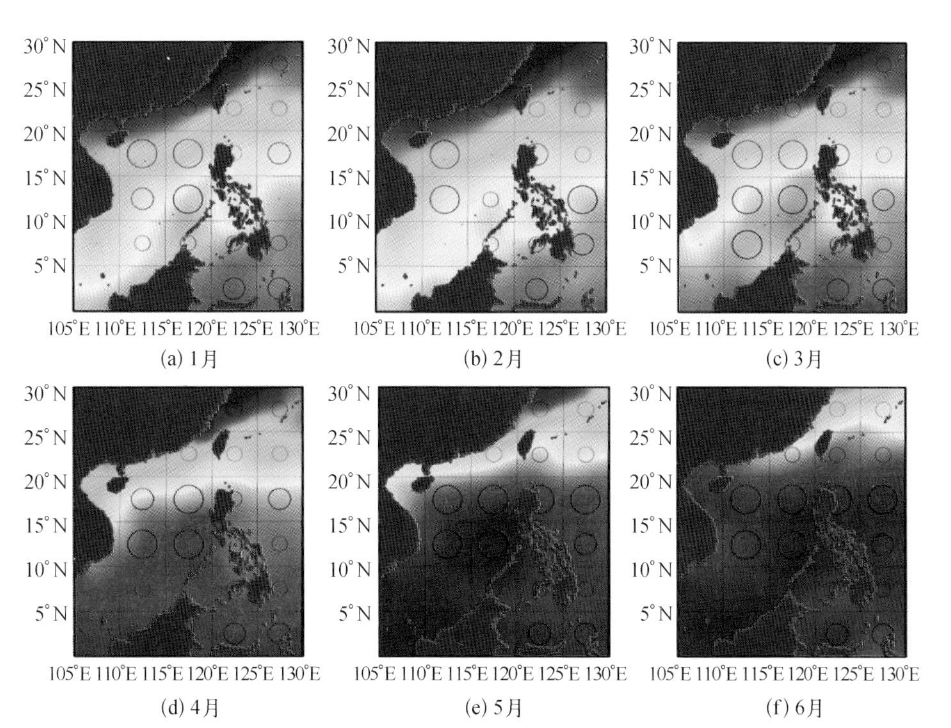

(a) 1月　(b) 2月　(c) 3月

(d) 4月　(e) 5月　(f) 6月

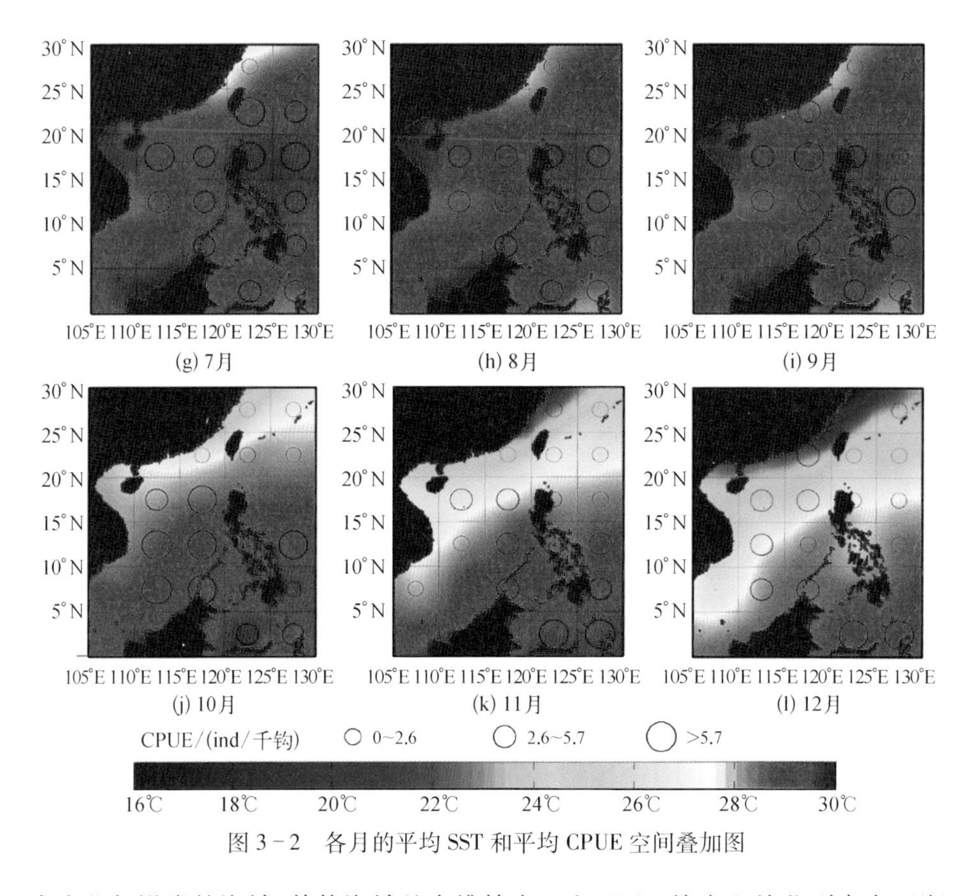

图 3－2　各月的平均 SST 和平均 CPUE 空间叠加图

布在北部沿岸的海域,其他海域基本维持在 26℃以上,纬度上从北到南有逐渐增温的趋势。SST 季节变化明显,从 3 月开始,SST 开始逐步升温。直到 7～8 月,此时高于 28℃的范围几乎覆盖整个南海。从 9 月开始,SST 又开始逐步降温直到次年 2 月(图 3－2)。

3.3.2　单位捕捞努力量渔获量在各海表温度区间的分布

从图 3－2 可以初步看出,高 CPUE 往往分布在较高的 SST 区域,大于 Q3 的 CPUE 基本在 24℃以上的 SST 中出现,而北部沿岸渔区(渔区 1、2 和 3)的 SST 常年处于低温,此处的 CPUE 也呈现出较低的水平。CPUE 在各 SST 区间的散点图(图 3－3)呈现出明显的负偏态分布,高 CPUE 主要集中在高温海域,以 26～30℃最为密集,CPUE 最高值出现在 29℃附近;在 22～26℃范围内 CPUE 散点分布较为零散,但在这个范围也会出现相当数量的高 CPUE;在 22℃以下的 CPUE 几乎属于低 CPUE 和零 CPUE。

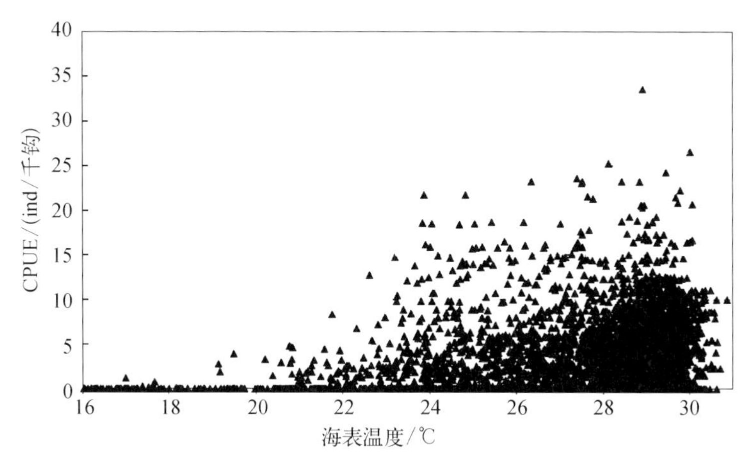

图 3－3　南海及邻近海域黄鳍金枪鱼渔场 CPUE－SST 散点图(1982~2011 年)

将 1982~2011 年的零 CPUE、低 CPUE 和高 CPUE 在各 SST 区间出现的频次[图 3－4(a)]进行对比,发现在这期间的捕捞作业中存在相当数量的零 CPUE 记录(约 33%)。图 3－4(b)中,每条线分别代表的是零 CPUE(虚线)、低 CPUE(点线)和高 CPUE(实线)在各 SST 区间的频次占该 SST 区间 CPUE 总频次的比重[见式(3.2)],可以发现零 CPUE 虽然在 29℃出现的频次最高,但在这个温度下其所占的比重并不突出,在 15~23℃零 CPUE 始终占有一半以上的比重,在 15℃、17~20℃其比重甚至可达 80%。总体上看,低 CPUE 所占的比重最大(约 42%),其在 30℃出现的频次最高,在 24~30℃保持着较高的比重;高 CPUE 所占的比重最小(约 25%),其也在 30℃出现最高频次,在 21℃以下其所

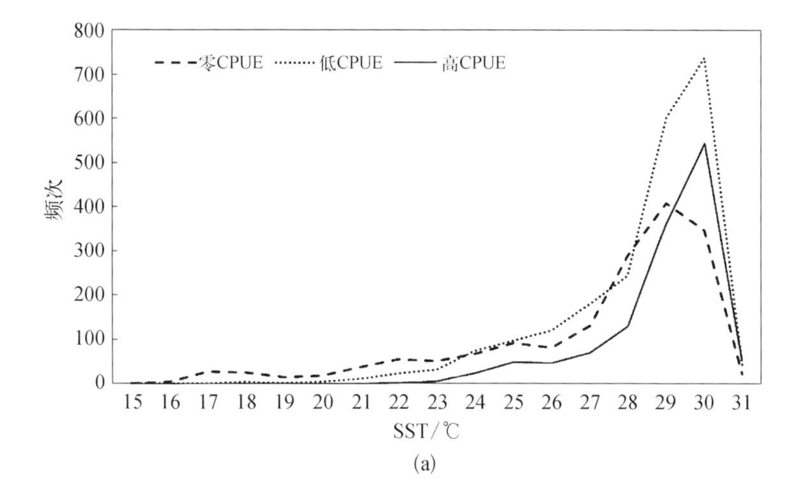

(a)

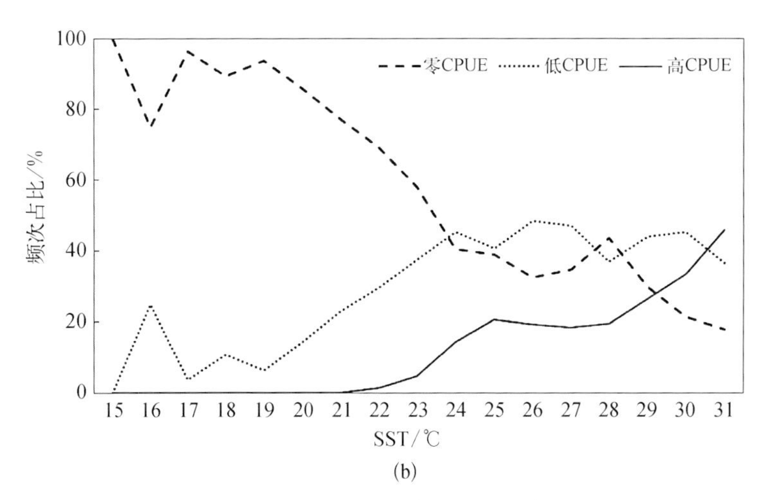

图 3－4　零 CPUE、低 CPUE 和高 CPUE 在各 SST 区间的频次分布(a)及所占百分比(b)

占比重始终为 0,在 24℃以下其所占比重均低于 20%,在 28～31℃其所占比重随温度逐步增加,31℃时其所占比重高于低 CPUE 的比重。零 CPUE 的平均 SST 为 26.7℃(±3.2℃),低 CPUE 的平均 SST 为 27.8℃(±2.1℃),高 CPUE 的平均 SST 为 28.4℃(±1.5℃),可见高 CPUE 在各 SST 区间的分布要比零 CPUE 和低 CPUE 更为集中。

3.3.3　黄鳍金枪鱼最适海表温度范围

1982～2011 年南海及邻近海域黄鳍金枪鱼高 CPUE 在各 SST 区间(区间间隔为 0.2℃)的频次分布遵循负偏态分布(图 3－5),其样本数为 1 284,SST 均值为 28.4℃,标准差为 1.5℃,最大值出现在 29.4℃。南海及邻近海域黄鳍金枪鱼高 CPUE 在 21～31℃均有分布,77%的高 CPUE 分布于 26.9～29.9℃(28.4℃±1.5℃),高 CPUE 趋向于集中在 29.4℃。

ECDF 分析结果见图 3－6,实线表示的是高 CPUE 在各 SST 区间出现的 ECDF,虚线表示的是高 CPUE 权重 ECDF,点线表示二者的差值,即差异度 $D(t)$。采用标准双样本 K－S 检验,在显著性 $\alpha=0.05$ 的水平下,$D_{0.05}=0.038$,由 $D=0.030<D_{0.05}$ 可知,二者服从同一分布,表明高 CPUE 与 SST 有密切关系。$D(t)$的最大值出现在 27.9℃,因此利用 ECDF 所得到的 SST 最适区间范围是 26.4～29.4℃(27.9℃±1.5℃),与频次分析得到的结果稍有不同。

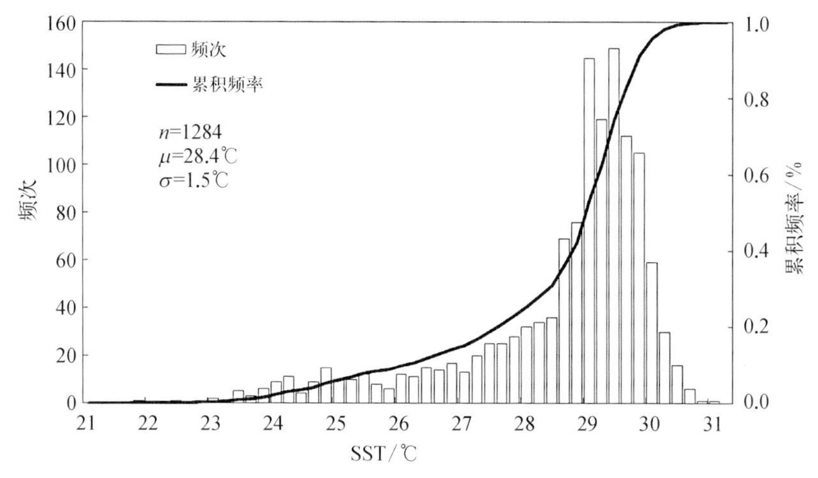

图3-5　高CPUE样本在各SST区间出现的频次统计直方图及累积频率分布曲线

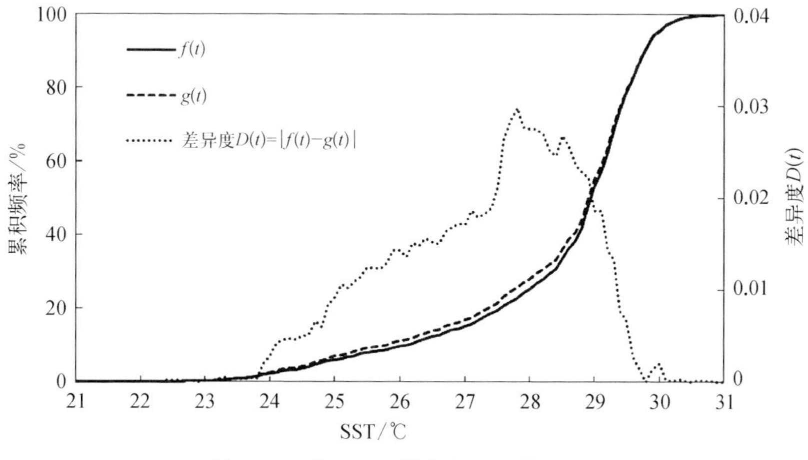

图3-6　高CPUE样本与SST的ECDF

3.4　讨论

南海及邻近海域黄鳍金枪鱼CPUE在16~30℃均有分布(图3-2),这个范围与前人的研究结果相似,如Stretta(1991)研究发现,黄鳍金枪鱼在赤道附近的丰度有所增长,并指出黄鳍金枪鱼在暖水中的栖息环境为18~31℃。春夏季(3~8月)黄鳍金枪鱼主要集中在南海北部区域,渔区6、7、10和11的CPUE较高,在秋冬季(9月至次年2月)黄鳍金枪鱼开始移向南部海域,在渔区15、16、

18、19 和 20 均会形成高 CPUE 渔区。这与黄鳍金枪鱼高度洄游的特性有关，黄鳍金枪鱼会在不同季节以及季风期寻找合适海温进行索饵繁殖洄游。Thanh (2012) 在关于越南金枪鱼渔业的报告中也指出南海金枪鱼渔场会随季节变化，11 月到次年 4 月南海盛行东北季风，南海金枪鱼渔场主要位于南海北部以及西沙群岛附近(14°N~16°N,112°E~115°E)，而在 5~10 月的西南季风期，渔场逐步转移动南海南部，南沙群岛附近(6°~11°N,108°E~113°E)。冯波等(2014)对南海黄鳍金枪鱼和大眼金枪鱼在不同季节进行了探捕，也认为西太平洋的金枪鱼会在 11 月到次年 4 月的东北季风期随黑潮支流洄游至南海进行索饵和生殖，在 5~10 月的西南季风期会随西南海流向南海北部移动。

CPUE 在各 SST 区间的散点图(图 3-3)呈现出明显的负偏态分布，高 CPUE 主要集中在 26~30℃，说明南海及邻近海域黄鳍金枪鱼主要栖息在表层水温较高的环境中。对零 CPUE、低 CPUE 和高 CPUE 样本集的统计结果表明，高 CPUE 样本集的标准差最小，在各 SST 区间的分布要比零 CPUE 和低 CPUE 更为集中，因此采用高 CPUE 分析黄鳍金枪鱼的最适栖息 SST 更为合理。

根据对高 CPUE 的频次分析，得到 77%的高 CPUE 分布于 26.9~29.9℃(28.4℃±1.5℃)，ECDF 分析计算得到 SST 最适区间范围是 26.4~29.4℃(27.9℃±1.5℃)，二者差距不大，可取二者交集(26.9~29.4℃)作为南海黄鳍金枪鱼的最适 SST 范围。对比前人在其他海域的黄鳍金枪鱼的研究结果，印度洋延绳钓黄鳍金枪鱼渔场最适 SST 为 26.0~29.5℃(Lan et al., 2013)，大西洋赤道区域的黄鳍金枪鱼的密切表层水温范围是 26.5~28.0℃(Stech et al., 2004;Lan et al., 2011)，中西太平洋围网黄鳍金枪鱼渔场最适 SST 为 28.45~28.84℃(王少琴等,2014)，本书关于南海黄鳍金枪鱼渔场最适 SST 的结果与前人在其他海域黄鳍金枪鱼的研究结果相近。

参考文献

冯波，李忠炉，侯刚，2014. 南海大眼金枪鱼和黄鳍金枪鱼生物学特性及其分布. 海洋与湖沼，45(4)：886-894.

纪世建，周为峰，程田飞，等，2015. 南海外海渔场渔情分析预报的探讨. 渔业信息与战略，30(2)：98-105.

黎祖福，吕慎杰，2013. 南海渔业产业现状及与东盟周边国家合作机制探讨. 海洋与渔业(12)：42-45.

刘勇，陈新军，2007. 中西太平洋金枪鱼围网黄鳍金枪鱼产量的时空分布及与表温的关系. 海洋渔业，29(4)：296-301.

孟晓梦，叶振江，王英俊，2007. 世界黄鳍金枪鱼渔业现状和生物学研究进展. 南方水产科学，

3(4): 74-80.

田思泉,陈新军, 2010. 不同名义 CPUE 计算法对 CPUE 标准化的影响. 上海海洋大学学报, 19(2): 240-245.

王少琴,许柳雄,朱国平,等,2014. 中西太平洋金枪鱼围网的黄鳍金枪鱼 CPUE 时空分布及其与环境因子的关系. 大连海洋大学学报(3): 303-308.

王中铎,郭昱嵩,颜云榕,等,2012. 南海大眼金枪鱼和黄鳍金枪鱼的群体遗传结构. 水产学报,36(2): 191-201.

Dinh B, Yen P, Hoa K, et al., 2012. Vietnamese tuna fisheries profile. Hanoi, Western and Central Pacific Fisheries Commission, WPEA OFM: 1-46.

Lan K W, Evans K, Lee M A, 2013. Effects of climate variability on the distribution and fishing conditions of yellowfin tuna (*Thunnus albacares*) in the western Indian Ocean. Climatic Change, 119(1): 63-77.

Lan K W, Lee M A, Lu H J, et al., 2011. Ocean variations associated with fishing conditions for yellowfin tuna (*Thunnus albacares*) in the equatorial Atlantic Ocean. ICES Journal of Marine Science: Journal du Conseil, 68(6): 1063-1071.

Schaefer K M, Fuller D W, Block B A, 2007. Movements, behavior, and habitat utilization of yellowfin tuna (*Thunnus albacares*) in the northeastern Pacific Ocean, ascertained through archival tag data. Marine Biology, 152(3): 503-525.

Stech J L, Zagaglia C R, Lorenzzetti J A, 2004. Remote sensing data and longline catches of yellowfin tuna (*Thunnus albacares*) in the equatorial Atlantic. Remote Sensing of Environment, 93(1-2): 267-281.

Stretta J M, 1991. Forecasting models for tuna fishery with aerospatial remote sensing. International Journal of Remote Sensing, 12(4): 771-779.

Zainuddin M, Saitoh K, Saitoh S I, 2008. Albacore (*Thunnus alalunga*) fishing ground in relation to oceanographic conditions in the western North Pacific Ocean using remotely sensed satellite data. Fisheries Oceanography, 17(2): 61-73.

第4章　南海外海鸢乌贼栖息地分布及与环境因子的关系

栖息地适宜性指数(habitat suitability index, HSI)模型最早是20世纪80年代由美国地理调查局国家湿地研究中心鱼类与野生生物署提出的,用于描述野生动物的栖息地质量(U. S. Fish and Wildlife Service, 1981)。随后HSI模型广泛应用于物种管理、生态环境恢复(Gore et al., 1996;Maddock, 1999)、中心渔场预报(Lee et al., 2005;冯波等,2007)等。在其他海域,基于HSI模型的柔鱼科头足类渔场研究已逐渐成熟(陈新军等,2009;余为等,2012),而在南海外海却鲜少有关于鸢乌贼HSI的研究。本章主要在分析南海外海鸢乌贼渔业数据分布特性的基础上,考虑HSI模过程中,CPUE的标准化、标准化CPUE与捕捞努力量之间显著差异以及NPP对鸢乌贼渔场滞后效应的前提下,采用外包络法分别按月建立基于标准化CPUE和捕捞努力量与各环境因子之间的适应指数曲线,并利用算术平均法建立总的HSI,比较基于标准化CPUE与捕捞努力量建立的两种适应指数模型的预测准确程度,以期为南海外海的渔业生产提供指导,扩充南海区域渔场海洋学的相关知识。

4.1　数据来源

本章所使用的南海外海鸢乌贼数据来自南海捕捞生产动态信息采集网络,时间为2010~2014年,研究海域范围为0°~30°N, 105°~130°E。数据包括作业位置、作业时间、渔获量和作业次数等渔业调查与生产信息,剔除无效数据后,总计780条记录。本章所使用的环境数据来源与本书第2章2.1所使用的环境数据相同。

4.2　南海外海鸢乌贼渔业数据分布特征

4.2.1　渔场丰度的月时空变化

由南海外海鸢乌贼渔场丰度月变化图(图4-1)可知,一年中,只有2~9月有渔业生产作业数据,10月至次年1月可能因为无作业没有这些月份的数据,并且在 2~9 月中，CPUE 主要集中在 3~5 月，作业范围较广，2 月、6 月、7 月的 CPUE 分布次之，主要集中在 10°N~15°N，110°E~115°E 范围内，8~9 月的作业范围较小。

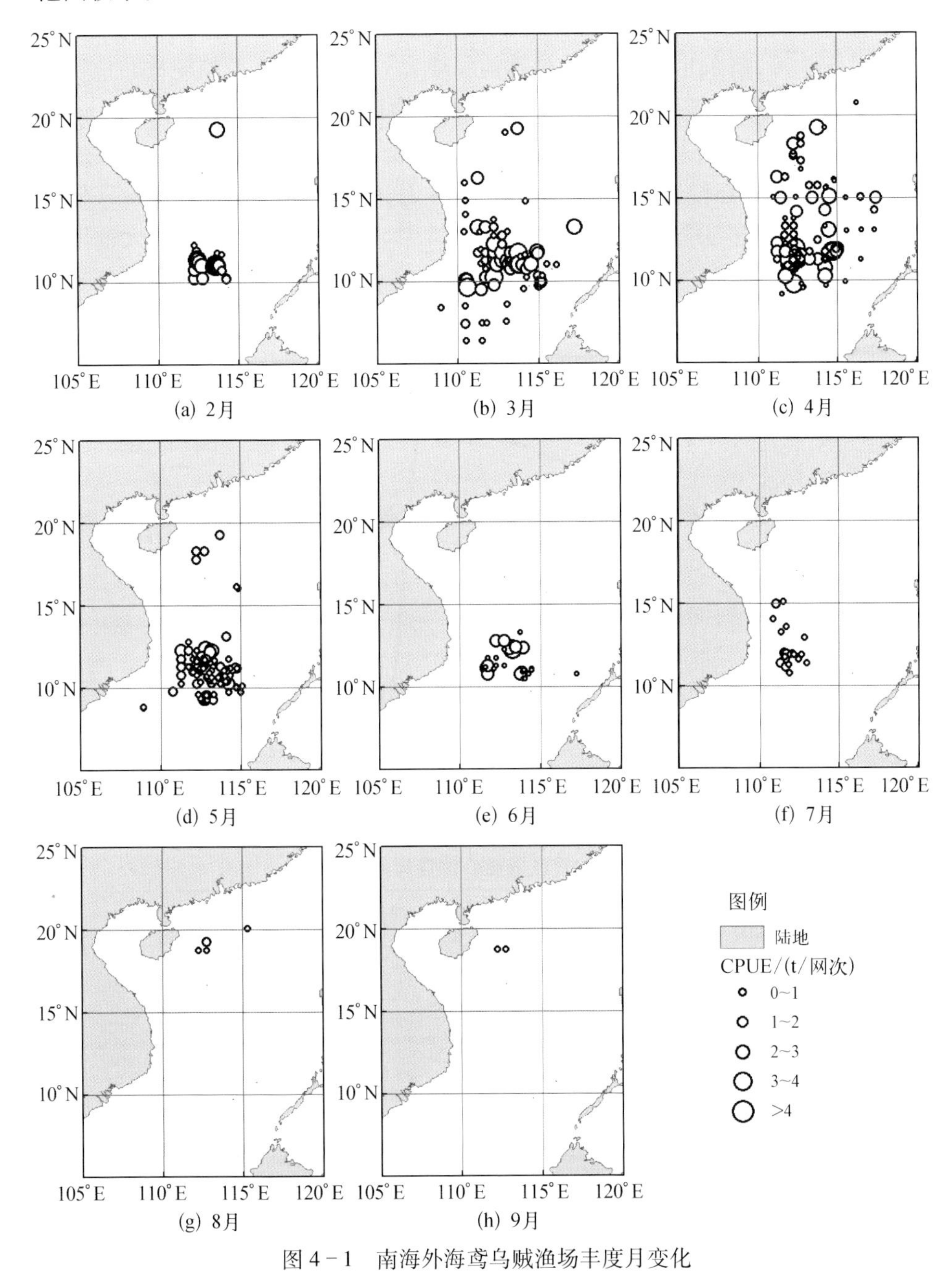

图 4-1　南海外海鸢乌贼渔场丰度月变化

4.2.2 渔场重心月分布

如图4－2和表4－1所示，南海外海鸢乌贼渔场重心月变化波动较大，2月平均渔场重心位置为11.8°N，113.3°E；3月平均渔场重心向西北移动，相对于2月的偏移量为73.3 km，平均渔场重心位置为12.1°N，112.7°E；4月平均渔场重心相较于3月，向东北方向偏移，偏移的幅度为148.2 km，平均渔场重心位置为13.4°N，113°E；5月平均渔场重心向西南方向偏移，偏移的幅度为148.2 km，与3月的平均渔场位置基本重合；6月平均渔场重心向东南偏移，偏移的幅度为64.5 km，平均重心位置为11.6°N，113°E；7月，渔场重心向西移动，偏移量为148.3 km，平均重心位置为12°N，111.7°E；8月渔场重心向东北方向大幅度移动，偏移量为762.2 km，平均重心位置为18.8°N，112.6°E；9月渔场重心快速向南移动，移动幅度为2 068.3 km，平均重心位置为0.2°N，112.7°E。

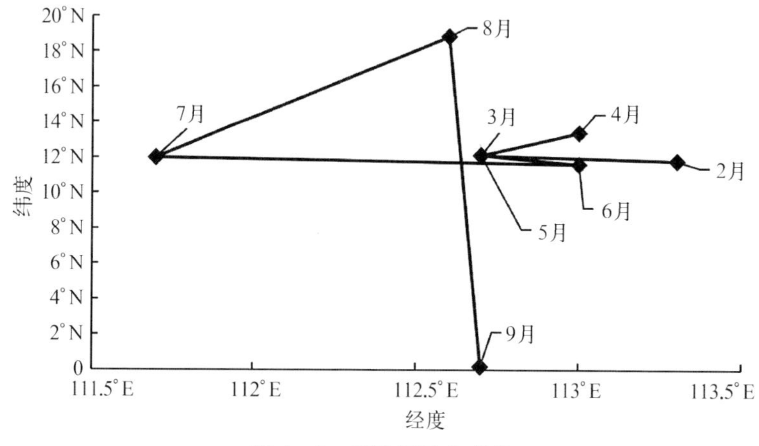

图4－2　月渔场重心变化

表4－1　月渔场重心位置与偏移变化

月份	经度	纬度	偏移上个月的幅度/km	偏移方向
2	113.3	11.8	0	无 None
3	112.7	12.1	73.3	西北 Northwest
4	113	13.4	148.2	东北 Northeast
5	112.7	12.1	148.2	西南 Southwest
6	113	11.6	64.5	东南 Southeast
7	111.7	12	148.3	向西 Westward
8	112.6	18.8	762.2	东北 Northeast
9	112.7	0.2	2 068.3	向南 Southward

4.2.3 CPUE 的标准化

图4－3和图4－4是分别基于向量机模型得到的名义CPUE与标准化

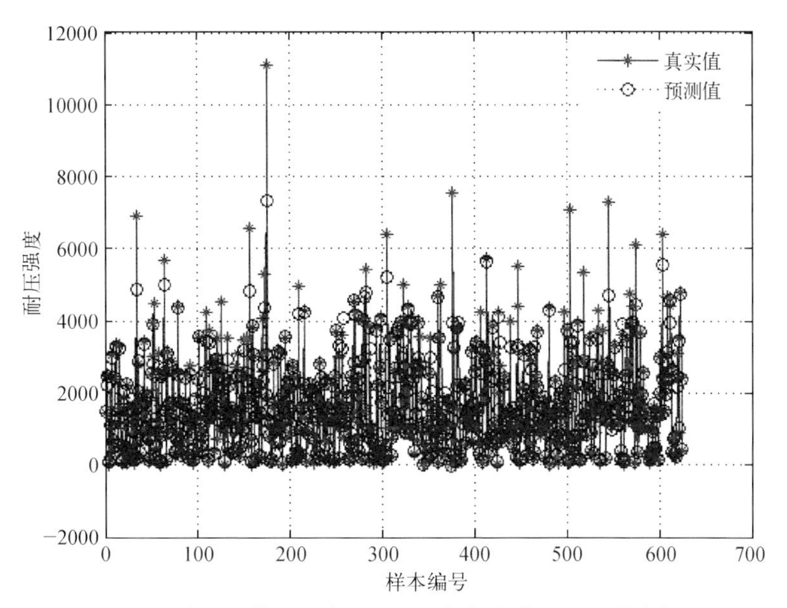

图 4-3　基于向量机模型的名义 CPUE 与标准化 CPUE 训练集预测对比结果(MSE=0.009 147 4，R^2=0.873 95)

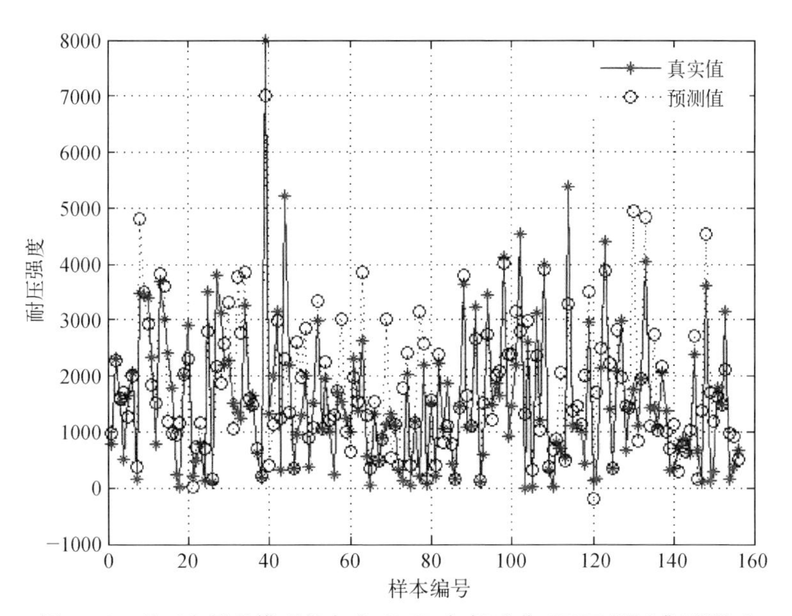

图 4-4　基于向量机模型的名义 CPUE 与标准化 CPUE 测试集预测对比结果(MSE=0.023 603，R^2=0.614 9)

CPUE 训练集与测试集对比结果，经过多次数据的随机筛选、训练与测试，得到训练集 MSE 值为 0.009 147 4，R^2 = 0.873 95，且测试集 MSE = 0.023 603，R^2 = 0.614 9 时的标准化 CPUE 为较优化的结果。

4.3 栖息地适宜性指数模型分析

4.3.1 标准化 CPUE 与捕捞努力量的显著差异分析

由表 4－2 可知，捕捞努力量的平均数和标准差分别为 1.197 和 0.538 1，标准化 CPUE 的平均数和标准差分别为 1 582.3 和 1 035.3，并且可以看出相关系数小于 0 且显著性检验 *P* 值大于 0.9，因此捕捞努力量与标准化 CPUE 不存在相关性，可以作为两个独立量分别进行栖息地指数模型的构建。

表 4－2　捕捞努力量与标准化 CPUE 的相关性分析

变　量	平均数(Mean)	标准差(SD)	相关系数(*r*)	*P* 值(*t* 检验)
捕捞努力量	1.197	0.538 1	−0.004	0.919
标准化 CPUE	1 582.3	1 035.3		

4.3.2 净初级生产力对鸢乌贼栖息地分布的滞后相关程度分析

将名义 CPUE 分别与实时的 NPP，以及滞后 8 天、16 天、24 天、56 天、88 天、120 天的 NPP 进行相关分析以及显著性检验，得到如表 4－3 所示的结果。实时 NPP 与名义 CPUE 相关分析的 *P* 值虽为零，但相关系数仅为 0.15 天；8 天、16 天前的 NPP，相当于滞后约一个星期、半个月的 NPP，同样与名义 CPUE 呈现出显著的弱相关性；滞后 24 天（约 1 个月）的 NPP 与名义 CPUE 的相关性为 0.28，*P* 值为 0，相关程度提高；滞后 56 天（约 2 个月）、88 天（约 3 个月）的 NPP 与名义 CPUE 相关系数均小于 0.2，相关程度降低；滞后 120 天（约 4 个月）的 NPP 的相关系数为−0.166，*P* 值为 0，呈现显著的负的弱相关性。可以看出，不同时间点 NPP 与名义 CPUE 呈极显著的弱相关性，但滞后 24 天的 NPP 相关系数最高，因此较适宜作为 HSI 模型构建的 NPP 数据产品。

表 4－3　名义 CPUE 与净初级生产力的滞后相关分析

变　量	平均数(Mean)	标准差(SD)	相关系数(*r*)	*P* 值(*t* 检验)
实时 NPP	307.8	105.5	0.15	0
8 天前 NPP	311.3	99.1	0.118	0.001

（续表）

变　　量	平均数(Mean)	标准差(SD)	相关系数(r)	P 值(t 检验)
16 天前 NPP	317.96	99.15	0.167	0
24 天前 NPP	351.96	125.1	0.28	0
56 天前 NPP	355.66	116.2	0.118	0.001
88 天前 NPP	338.12	85.57	0.121	0.001
120 天前 NPP	339.75	100.6	−0.166	0

4.3.3　CPUE、捕捞努力量与环境因子的关系

从图 4 - 5 中适宜性指数(suitability index, SI)与 SST 的函数关系可知,基于 CPUE 的南海外海鸢乌贼适宜栖息地 2~9 月 SST 的适宜范围分别为 24.9~26.8℃、25.7~28.1℃、27.3~30.2℃、28.2~29.8℃、30.5~31.1℃、29.1~29.7℃、28.5~29.8℃、30.1~30.4℃;基于捕捞努力量的南海外海鸢乌贼适宜栖息地 2~9 月 SST 的适宜范围分别为 24.8~26.7℃、25.6~28.1℃、26.6~29.6℃、29.1~30.7℃、30.5~31.1℃、29.2~29.7℃、28.5~29.9℃、30.3~30.5℃。

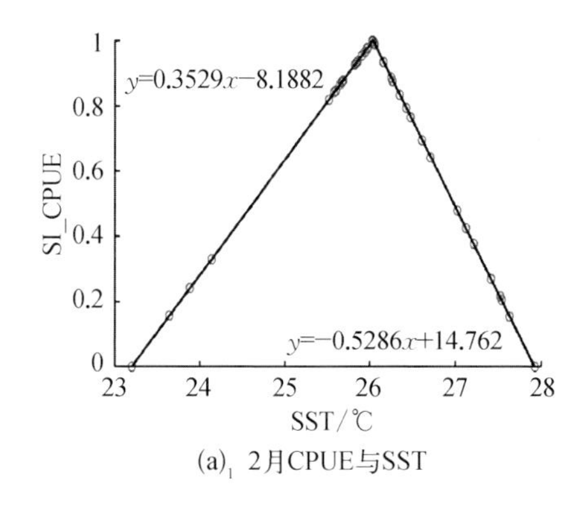

(a)$_1$ 2月CPUE与SST

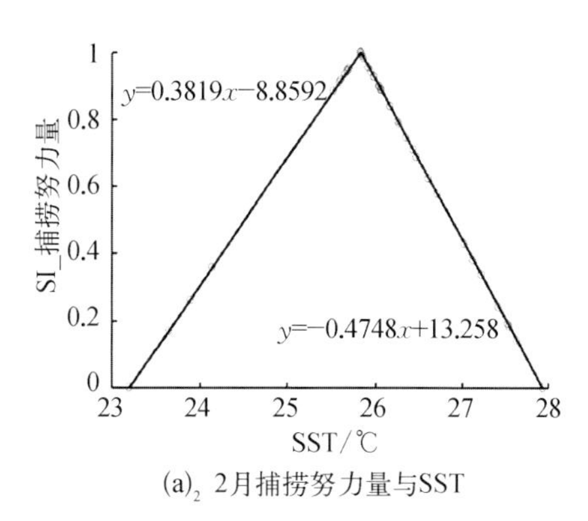

(a)$_2$ 2月捕捞努力量与SST

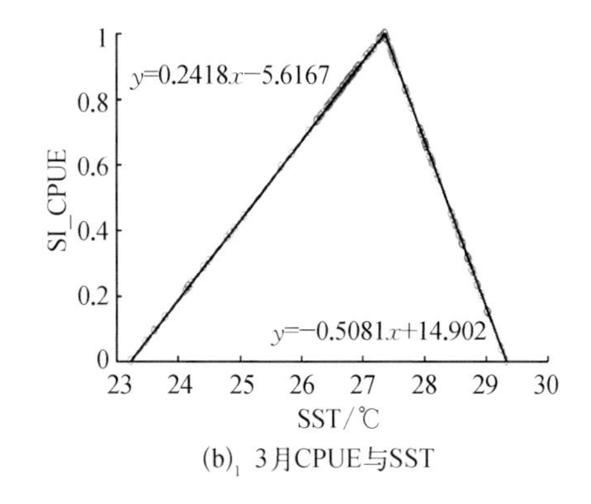

(b)$_1$ 3月CPUE与SST

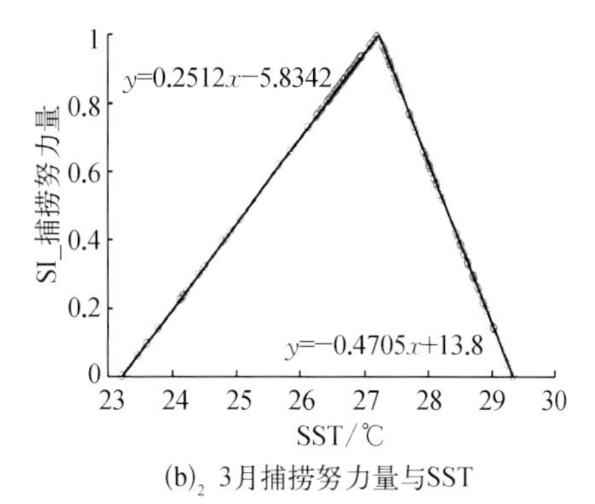

(b)$_2$ 3月捕捞努力量与SST

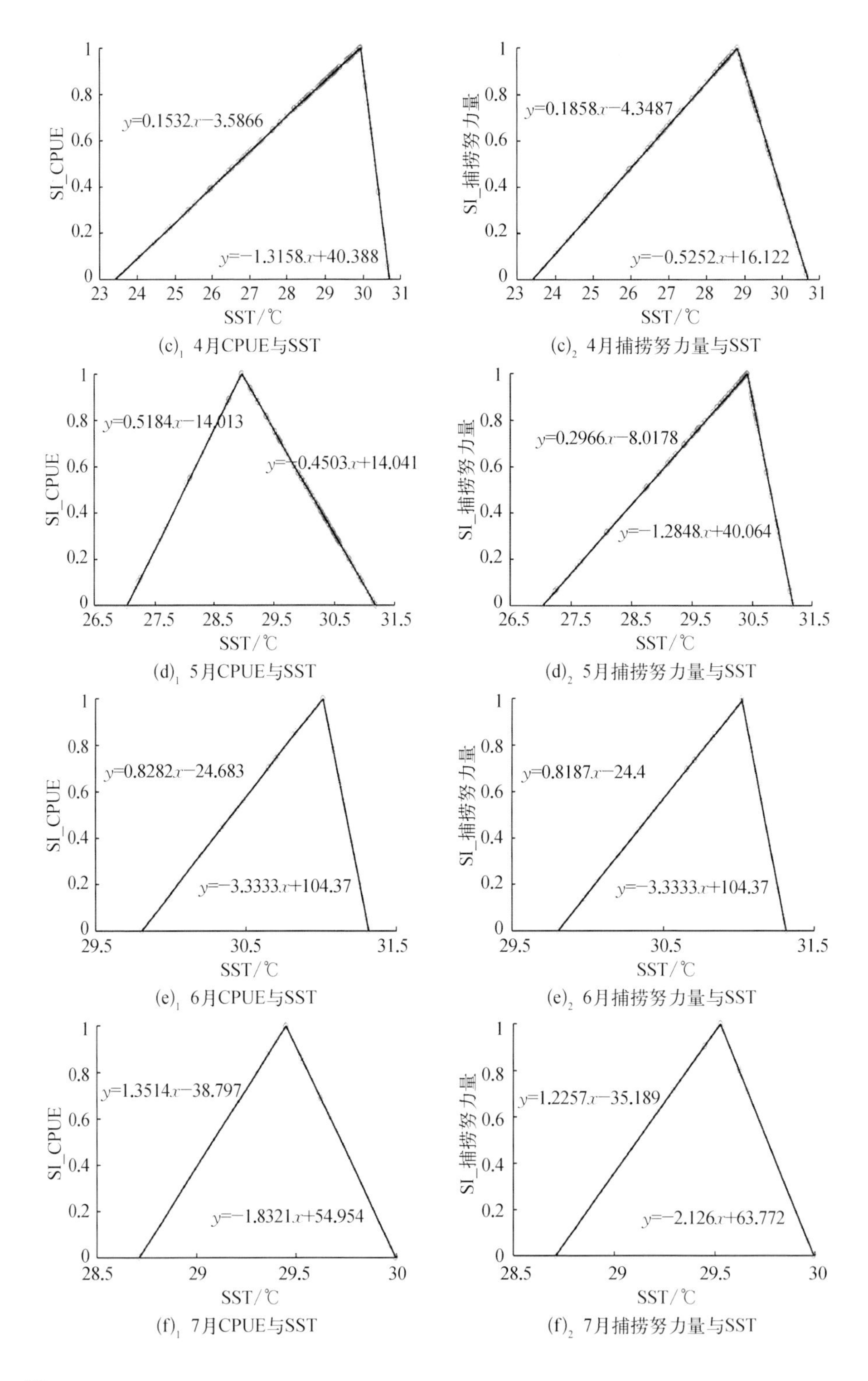

(c)$_1$ 4月CPUE与SST

(c)$_2$ 4月捕捞努力量与SST

(d)$_1$ 5月CPUE与SST

(d)$_2$ 5月捕捞努力量与SST

(e)$_1$ 6月CPUE与SST

(e)$_2$ 6月捕捞努力量与SST

(f)$_1$ 7月CPUE与SST

(f)$_2$ 7月捕捞努力量与SST

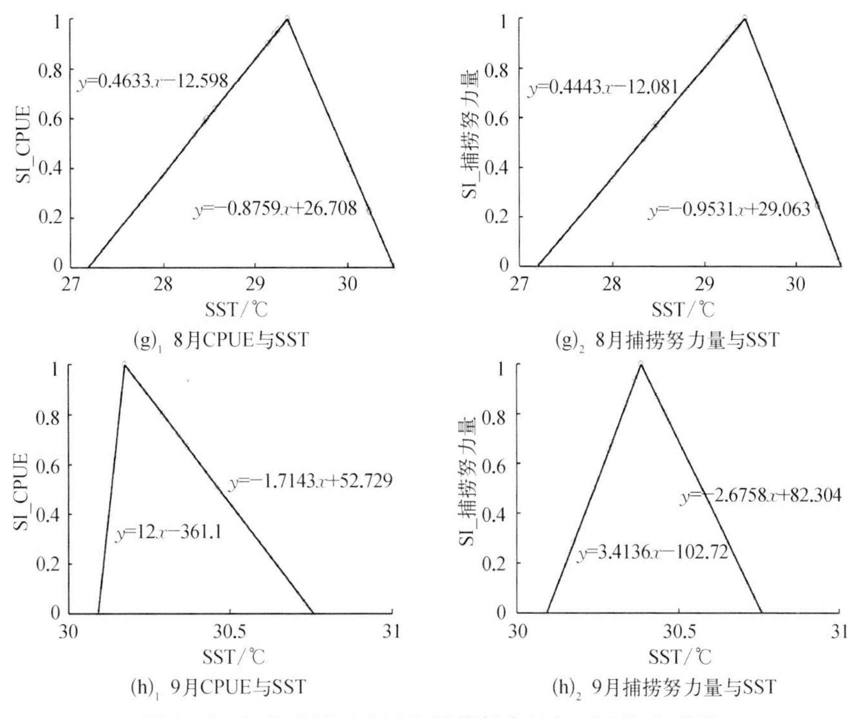

(g)$_1$ 8月CPUE与SST　(g)$_2$ 8月捕捞努力量与SST

(h)$_1$ 9月CPUE与SST　(h)$_2$ 9月捕捞努力量与SST

图 4－5　2~9 月基于 CPUE、捕捞努力量与 SST 的 SI 曲线

从图 4－6 中 SI 与 SSHA 的函数关系可知，基于 CPUE 的南海外海鸢乌贼适宜栖息地 2~9 月 SSHA 的适宜范围分别为－0. 036~0. 034 cm、0. 012~0. 113 cm、0. 071~0. 192 cm、0. 009~0. 133 cm、0. 108~0. 184 cm、0. 136~0. 223 cm、0. 014~0. 071 cm、0. 068~0. 105 cm；基于捕捞努力量的南海外海鸢乌贼适宜栖息地 2~9 月 SSHA 的适宜范围分别为－0. 044~0. 027 cm、0. 033~0. 134 cm、0. 024~0. 144 cm、0. 038~0. 162 cm、0. 118~0. 193 cm、0. 120~0. 206 cm、0. 016~0. 073 cm、0. 094~0. 130 cm。

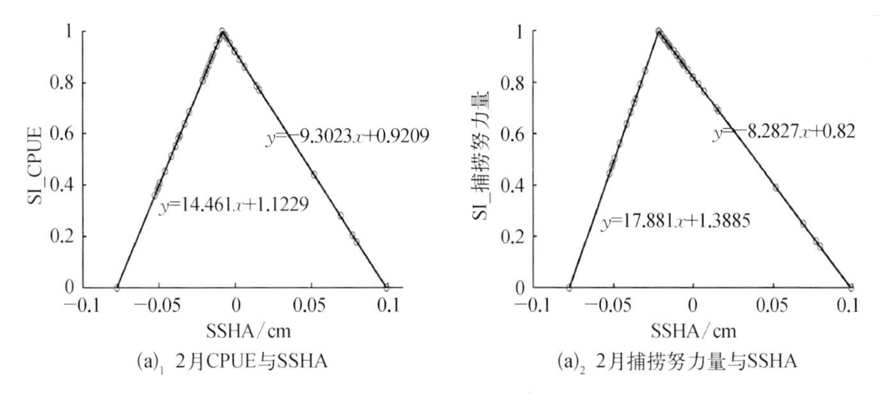

(a)$_1$ 2月CPUE与SSHA　(a)$_2$ 2月捕捞努力量与SSHA

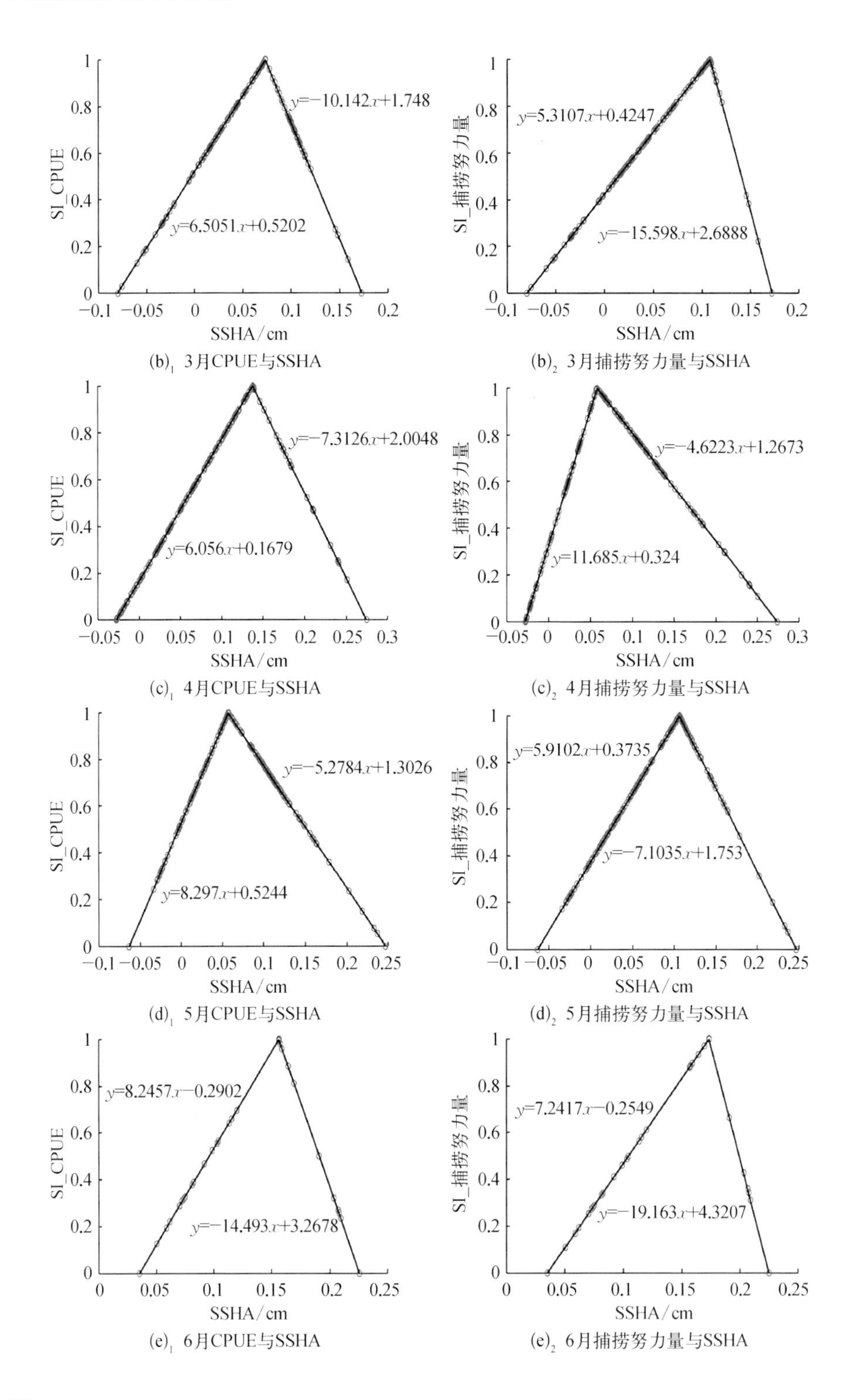

(b)$_1$ 3月CPUE与SSHA

(b)$_2$ 3月捕捞努力量与SSHA

(c)$_1$ 4月CPUE与SSHA

(c)$_2$ 4月捕捞努力量与SSHA

(d)$_1$ 5月CPUE与SSHA

(d)$_2$ 5月捕捞努力量与SSHA

(e)$_1$ 6月CPUE与SSHA

(e)$_2$ 6月捕捞努力量与SSHA

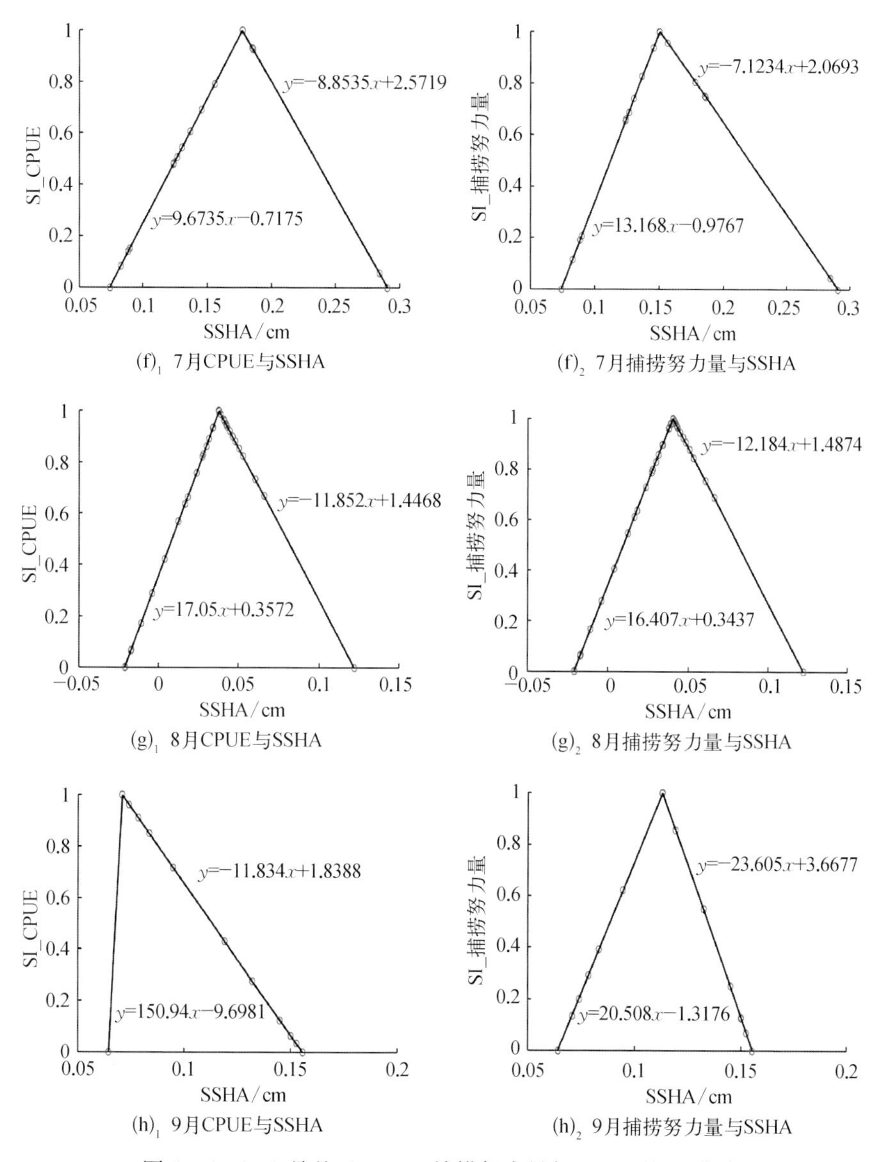

(f)$_1$ 7月CPUE与SSHA

(f)$_2$ 7月捕捞努力量与SSHA

(g)$_1$ 8月CPUE与SSHA

(g)$_2$ 8月捕捞努力量与SSHA

(h)$_1$ 9月CPUE与SSHA

(h)$_2$ 9月捕捞努力量与SSHA

图 4-6　2~9 月基于 CPUE、捕捞努力量与 SSHA 的 SI 曲线

从图 4-7 中 SI 与 NPP 的函数关系可知,基于 CPUE 的南海外海鸢乌贼适宜栖息地 2~9 月 NPP 的适宜范围分别为 359.09~556.77 mg C/(m^2·d)、430.5~606.44 mg C/(m^2·d)、294.6~499.27 mg C/(m^2·d)、247.47~369.81 mg C/(m^2·d)、201.5~229.34 mg C/(m^2·d)、197.75~223.7 mg C/(m^2·d)、226.3~255.56 mg C/(m^2·d)、251.4~271.4 mg C/(m^2·d);基于捕

捞努力量的南海外海鸢乌贼适宜栖息地 2～9 月 NPP 的适宜范围分别为 490.28～674.41 mg C/(m^2 · d)、342.41～517.45 mg C/(m^2 · d)、309.99～498.46 mg C/(m^2 · d)、257.6～377.92 mg C/(m^2 · d)、213.31～240.57 mg C/(m^2 · d)、192.04～218.06 mg C/(m^2 · d)、226.3～255.56 mg C/(m^2 · d)、251.4～271.44 mg C/(m^2 · d)。

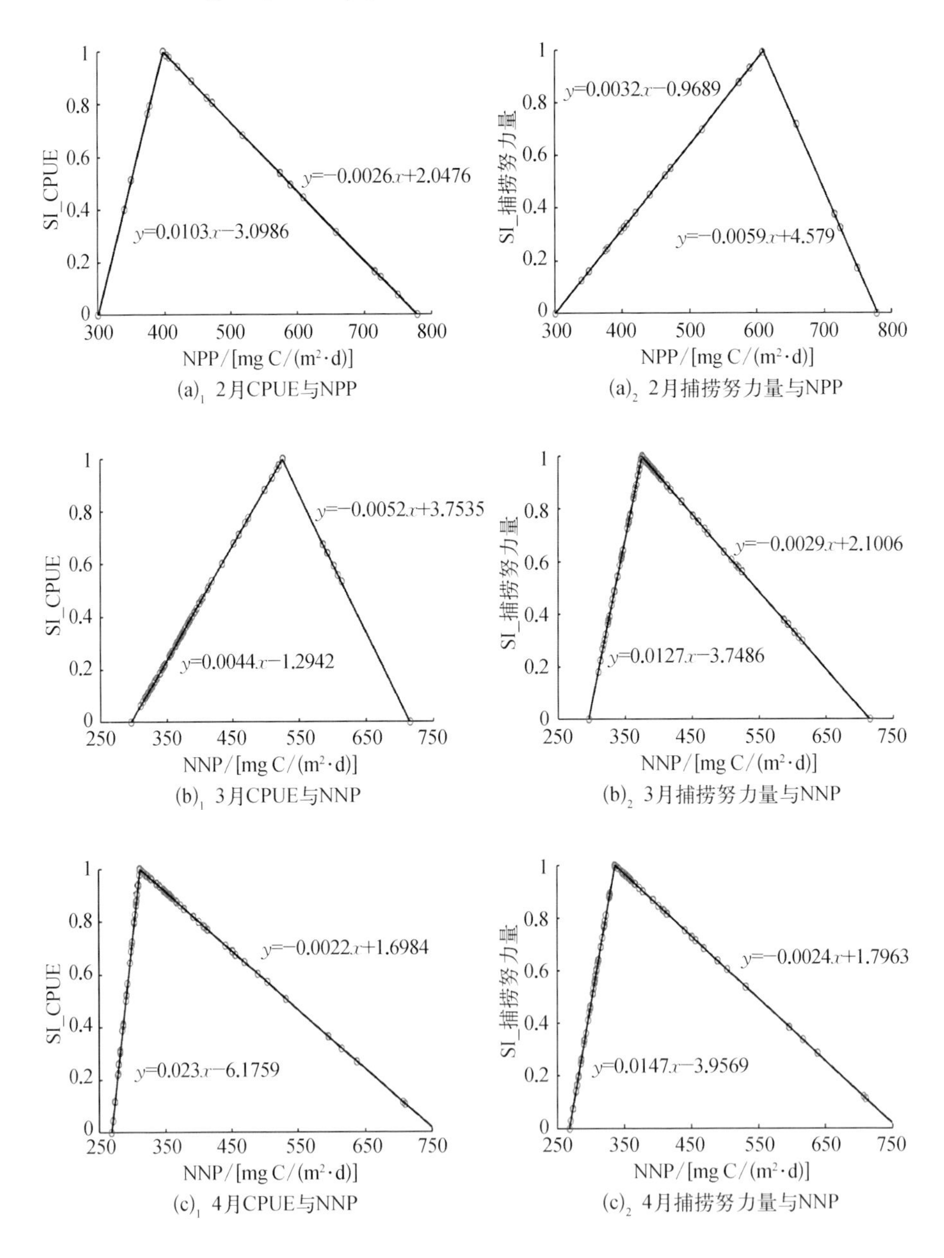

(a)$_1$ 2月CPUE与NPP

(a)$_2$ 2月捕捞努力量与NPP

(b)$_1$ 3月CPUE与NNP

(b)$_2$ 3月捕捞努力量与NNP

(c)$_1$ 4月CPUE与NNP

(c)$_2$ 4月捕捞努力量与NNP

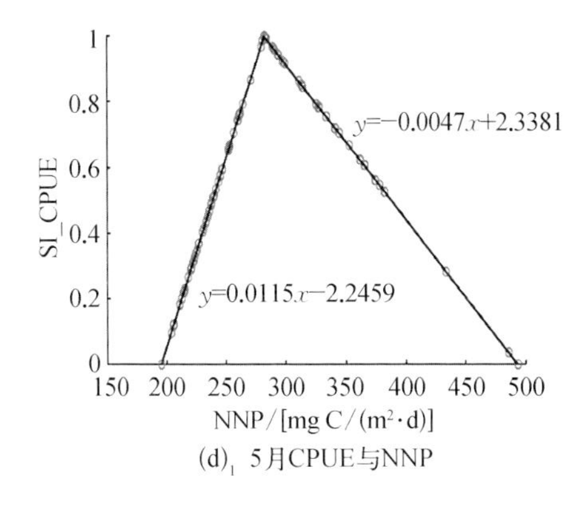

(d)₁ 5月CPUE与NNP

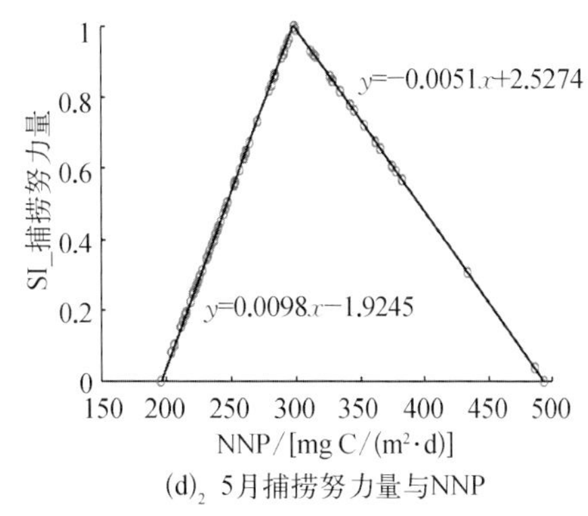

(d)₂ 5月捕捞努力量与NNP

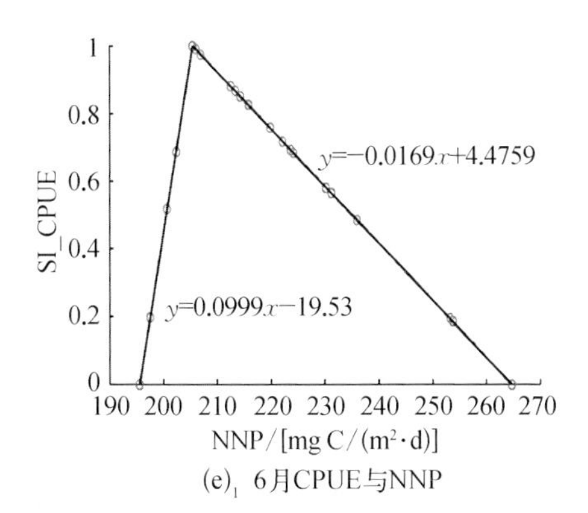

(e)₁ 6月CPUE与NNP

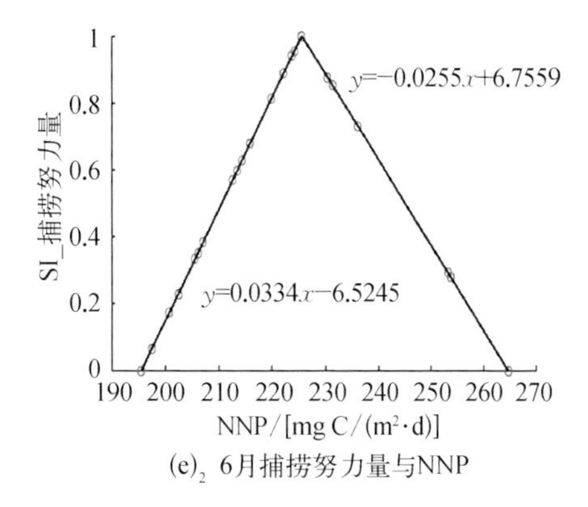

(e)₂ 6月捕捞努力量与NNP

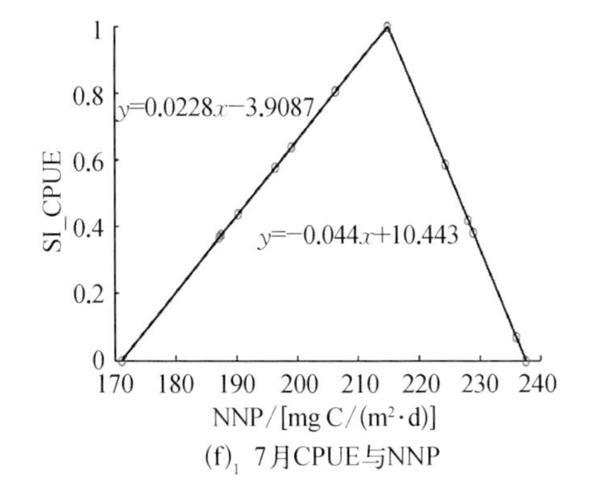

(f)₁ 7月CPUE与NNP

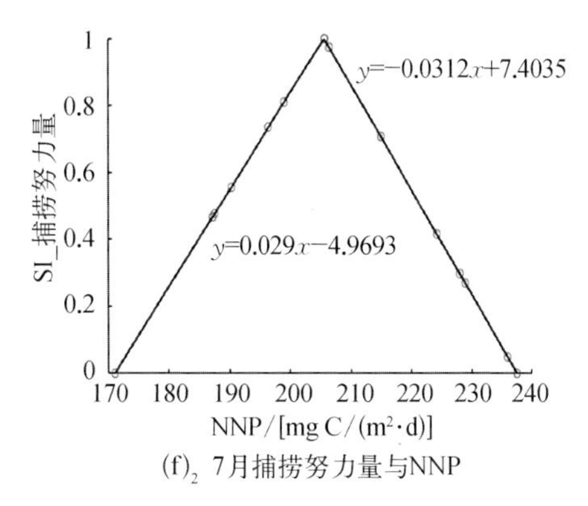

(f)₂ 7月捕捞努力量与NNP

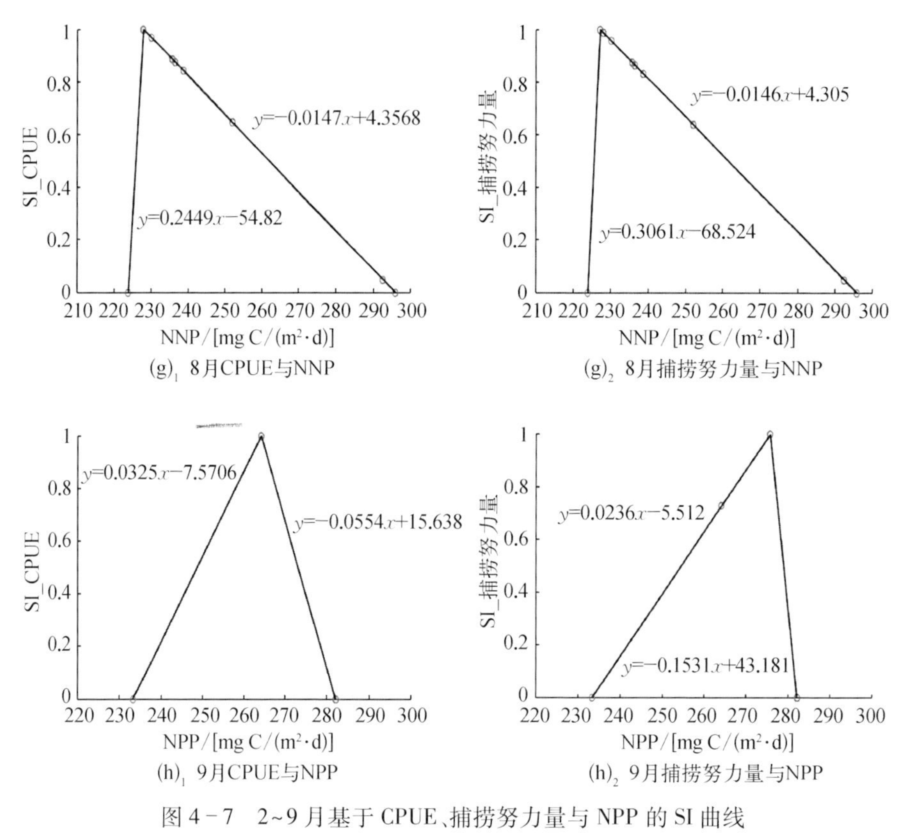

图 4－7　2~9 月基于 CPUE、捕捞努力量与 NPP 的 SI 曲线

4.3.4　模型验证与比较

在基于标准化 CPUE 和捕捞努力量的 HSI 模型基础上，统计 2~9 月的产量比重、作业网次比重以及平均 CPUE，由表 4－4 可知，当 HSI>0.6 时，基于 CPUE 的 HSI 模型利用预留数据验证的各月产量比重、作业网次比重，5 月、6 月、9 月这三个月产量比重低于 60%，5 月、6 月、7 月、9 月这四个月作业网次比重低于 60%，其余月份各项指标均高于 60%；而当 HSI>0.6 时，基于捕捞努力量的 HSI 模型统计得到各月各项指标在 6 月、7 月、9 月低于 60%。当以实际作业次数比率作为南海外海鸢乌贼中心渔场准确性的指标，并且认为 HSI 大于 0.6 的海区为鸢乌贼适宜的栖息地，并作为判别中心渔场适宜程度的指标时，可以看出基于捕捞努力量 HSI 模型 2~6 月的准确率均高于基于 CPUE 的 HSI 模型，其余三个月相等。因此，基于捕捞努力量的 HSI 模型更适合应用到渔业生产预报中。图 4－8 是验证数据 HSI 值与 CPUE 分布。

表 4-4 基于 CPUE 与捕捞努力量的 HSI 模型(HSI>0.6)的比较与验证

月份	基于 CPUE 的 HSI 模型(HSI>0.6)			基于捕捞努力量的 HSI 模型(HSI>0.6)		
	产量比重/%	作业网次比重/%	平均 CPUE/(t/d)	产量比重/%	作业网次比重/%	平均 CPUE/(t/d)
2	63.21	60.42	4.53	72.39	66.67	5.81
3	63.46	62.89	2.49	77.05	66.67	2.85
4	63.36	64.05	1.81	69.15	66.01	1.92
5	52.59	50.34	1.30	72.35	68.71	1.34
6	33.89	33.33	0.66	49.35	48.48	0.66
7	65.00	50.00	0.29	48.33	50.00	0.21
8	65.41	60.00	0.55	65.41	60.00	0.55
9	20.16	22.22	0.25	20.16	22.22	0.25

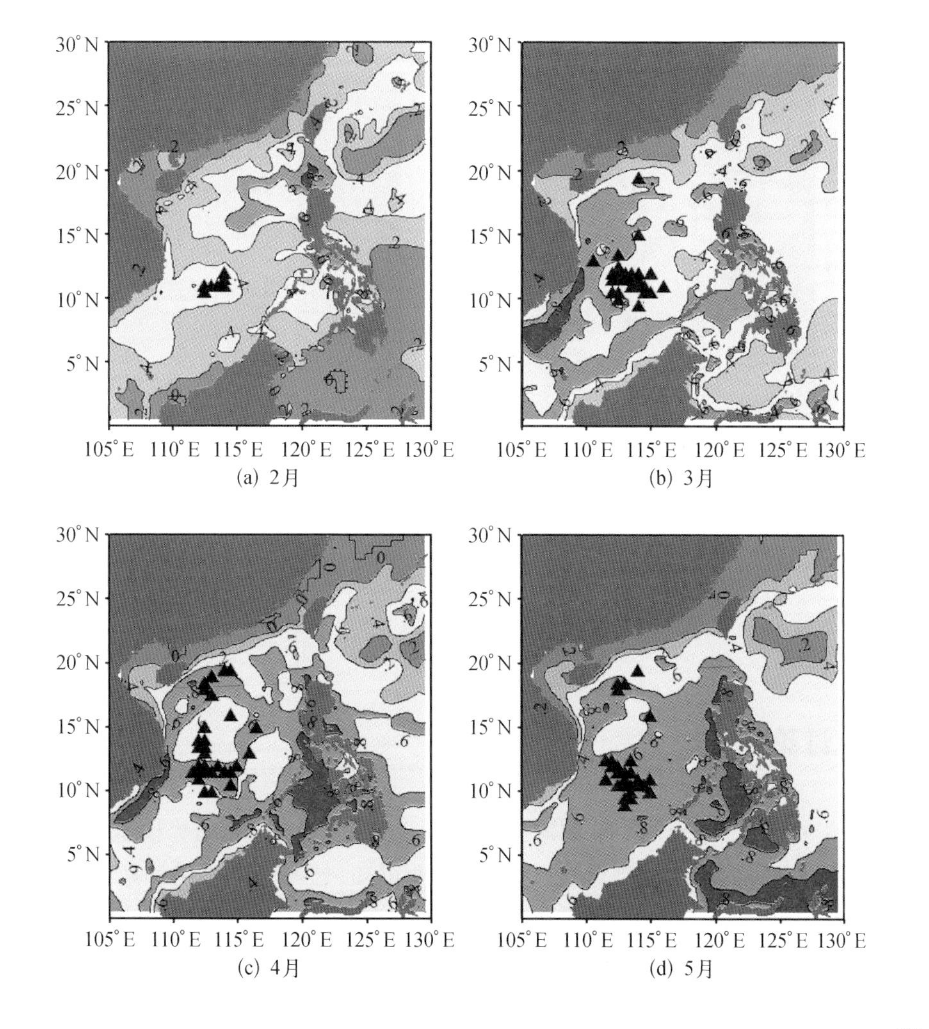

(a) 2月
(b) 3月
(c) 4月
(d) 5月

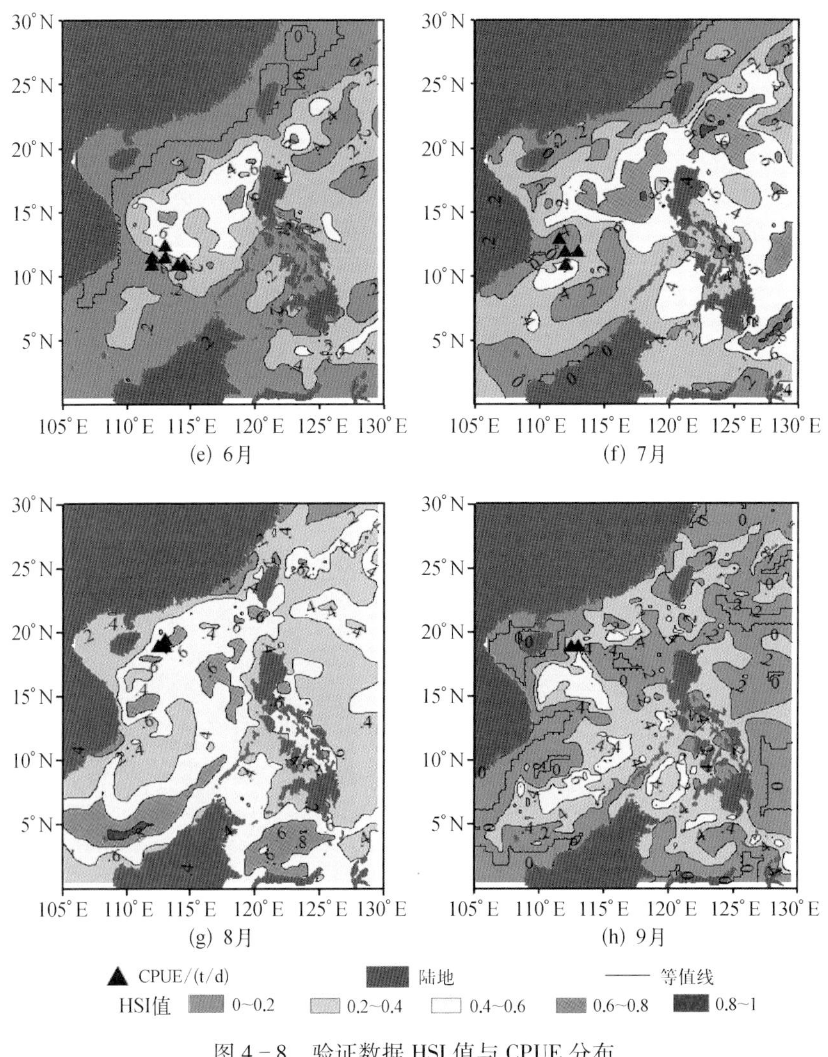

图 4-8 验证数据 HSI 值与 CPUE 分布

4.4 讨论

在进行滞后分析以及 HSI 模型构建前，考虑了三种 NPP 估算模型估算产品不同，会给之后的分析带来影响。由图 4-8 可知，外海鸢乌贼的渔船作业位置主要分布在中部渔区。在中部渔区西部，适宜采用 VGPM 估算得到的 NPP 产品数据，在中部渔区东部适宜采用 CbPM 估算得到的 NPP 数据。而通过渔区次划分线所在的经度位置统计出,在中部渔区西部内作业的渔获量与作业次数占总的渔获量与作业次数的比重分别为67.6%与68.6%,但因渔船作业数据记录量有限,难以按照传统渔区(图4-9)来进行NPP数据的选择,因此选择VGPM估算数据产品来进行分析。

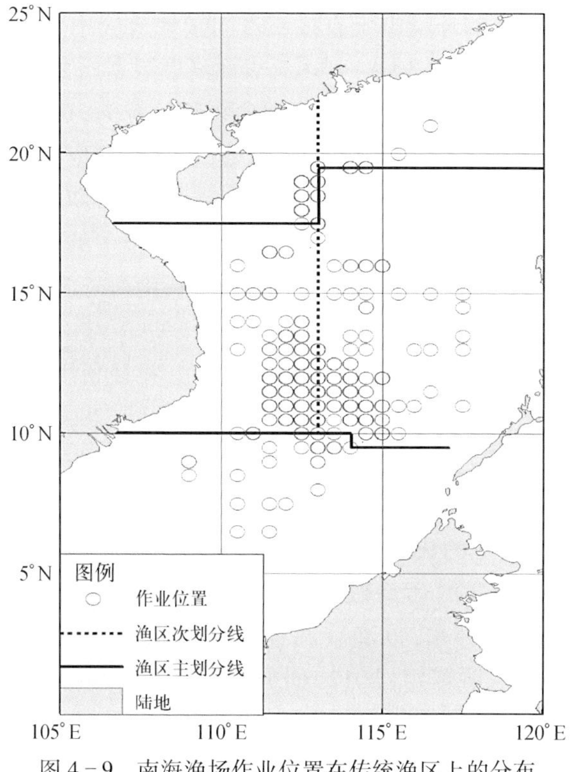

图4-9　南海渔场作业位置在传统渔区上的分布

已有研究表明,鸢乌贼的生活史、饵料分布及其与环境因子的关系是影响鸢乌贼渔场形成的关键(Chen et al., 2007;颜云榕等,2012),而海洋环境因子对其栖息地以及饵料场的形成有着至关重要的影响,因此,研究环境因子与鸢乌贼栖息地的关系对南海外海渔业发展至关重要。研究者对南海鸢乌贼摄食生态与营养级进行研究发现,鸢乌贼的饵料主要由菱鳍乌贼、钩腕乌贼等头足类,灯笼鱼科、鲹科以及飞鱼科等鱼类,以及少量的贝类(张宇美,2014)组成,并且通过采样得知南海鸢乌贼空胃率只在2~3月比例较高,在其他时间段内饵料生物量比较充足,研究者认为这可能与海水温度等环境因子有关(张宇美,2014)。SST作为影响鱼类生长的重要环境因子之一,能够直接或者间接影响鱼类的生长、繁殖、洄游等生长过程（纪世建等，2015；闫敏等，2015），且鸢乌贼属于暖水性的大洋性生物（范江涛等，2013），其生存和摄食与温度具有明显的关联。海表面高度数据能够反映海水流向、流速、冷暖水团等海洋动力环境参数（邵锋等，2008；宋婷婷，2014），而这些海洋动力环境参数影响着渔场的形成（邵锋等，2008），SSHA 则反映了 SSH 与平均海面的差值，因此，SSH 数据或者 SSHA 数据常作为重要的环境因子直接或者间接地被应用于渔场分析中（宋婷婷，2014），如邵峰和陈新军（2008）利用海表面高度数据研究了印度洋西北海域鸢乌贼渔场的分布情况；海洋 NPP 是海洋食物链的源头，在海洋生态系统中扮演着重要的角色（余为等，2016），在其他海域，NPP 数据应用到金枪鱼、鲐鱼以及柔鱼等渔业资源与环境关系研究中（Zainuddin et al.，2006；官文江等，2013；余为等，2016），但未见 NPP 数据应用于南海渔情预报中的相关研究。因此，本书选择 SST、SSHA 和 NPP 这三个环境因子来分析南海外海鸢乌贼的渔场是可行的。

对于中心渔场的预报，前人有很多相关研究，并且利用了很多模型和方法（Grant et al.，1988；樊伟等，2005；Georgakarakos et al.，2006；Skov et al.，2008；牛明香等，2012），研究认为 HSI 模型对鸢乌贼的渔场具有更好的表征（纪世建等，2015；范江涛等，2013），并且很多研究者用栖息地适应性指数模型研究鸢乌贼渔场取得了较好的成果（陈新军等，2009；余为等，2012），因此本章采用 HSI 模型对南海外海的鸢乌贼渔场进行分析。在构建 HSI 模型时，选择 SST 和 SSHA 作为环境参量，以渔获调查数据来进行建模。在进行环境因子的权重考虑时，余为和陈新军（2012）研究发现基于算数平均法模型较几何平均法模型能够更好地预测鸢乌贼中心渔场，因此本书采用了算数平均法模型。

在环境数据的选取上，本章没有采用其他研究通常使用的月平均海洋环境数据，而是采用微波和热红外遥感融合的 SST 数据、SSHA 的日融合数据以及分辨率最高的 NPP 数据与以日为记录频度的生产数据进行匹配分析，这样直接将季节对鸢乌贼渔场的影响考虑在内，数据精度高，从而取得了较好的分析效果。本章采用的 SST 数据是微波和热红外遥感融合的数据，微波遥感具有全天候、全天时工作的特点，并且具有穿云透雾的能力，而热红外遥感数据分辨率高，两者的有效融合避免了云雾引起的数据缺失以及精度问题对数据分析的影响。另外在环境数据的选取上，大多数研究人为选择建模以及验证的数据集，带有较大的主观性以及时间差异性，本章在 HSI 模型研究过程中，利用机器随机筛选每个月的 80%数据进行 HSI 模型构建，预留 20%的数据进行模型验证，降低了人为因素导致的各种环境因子异常变化对模型精度和稳定性的影响(郭刚刚等,2016)。

通过 2010~2014 年的南海外海渔获数据以及环境数据构建月 HSI 模型,比较了分别基于标准化 CPUE 和捕捞努力量两种模型的精度,研究发现基于捕捞努力量的 HSI 模型较基于标准化 CPUE 的 HSI 模型能够更好地表征南海外海鸢乌贼的中心渔场范围,满足了渔业生产的要求。但从图 4－8 可以看出,少数月份预报的最适栖息地与验证数据集的位置存在偏差,可能原因如下：首先,随机抽选各月的 20%数据组成验证数据集,因此涉及的年份可能包含一年、两年或者所有年份都有,而采用的各月环境数据是所有年份的月均值,因此可能使预报结果产生偏差。其次,研究显示鱼汛旺期可能在 3~6 月,有些月份为补充群体时期,存活率较低(范江涛等,2013),少数月份数据量较少,可能影响了少数月份模型精度,这是本书难以避免的难题。因本书按月进行建模,并得到适宜鸢乌贼栖息的各月分布范围,而关于南海鸢乌贼各月的最适栖息范围研究较少,难以进行比较。

因南海主权争端问题,渔船作业规模有限,虽然数据涉及五年的时间段,但每年的站点调查数据量少,缺乏大规模的渔业生产统计数据,仍存在少数月份的预报精度不是很高的问题,因此,中心渔场的最适范围可能与实际作业海域存在偏差。今后研究中,可以获取大量作业数据,并在现有的 HSI 模型基础上进一步完善和提高。此外,本书选用了 3 种环境因子,但是可能还有其他的环境因子对南海外海鸢乌贼渔场分布具有影响,如海洋锋面、海表盐度、海流等(贾晓平等,2004;余为等,2012)。在今后的研究中可以考虑更多的环境因子、环境因子的影响权重以及环境因子的交互影响等,结合南海鸢乌贼生产统计数据进行综合探讨和分析。

参考文献

陈新军,刘必林,田思泉,等,2009. 利用基于表温因子的栖息地模型预测西北太平洋柔鱼(*Ommastrephes bartramii*)渔场. 海洋与湖沼,40(6)：707－713.

樊伟,崔雪森,沈新强,2005. 渔场渔情分析预报的研究及其进展. 水产学报,29(5)：706－710.

范江涛,冯雪,邱永松,等,2013. 南海鸢乌贼生物学研究进展. 广东农业科学,40(23)：122－128.

冯波,陈新军,许柳雄,2007. 应用栖息地指数对印度洋大眼金枪鱼分布模式研究. 水产学报,31(6)：805－812.

官文江,陈新军,高峰,等,2013. 东海南部海洋净初级生产力与鲐鱼资源量变动关系的研究.

海洋学报,35(5):121-127.

郭刚刚,张胜茂,樊伟,等,2016. 基于表层及温跃层环境变量的南太平洋长鳍金枪鱼栖息地适应性指数模型比较. 海洋学报,38(10):44-51.

纪世建,周为峰,程田飞,等,2015. 南海外海渔场渔情分析预报的探讨. 渔业信息与战略,30(2):98-105.

贾晓平,李永振,李纯厚,等,2004. 南海专属经济区和大陆架渔业生态环境与渔业资源. 北京:科学出版社.

牛明香,李显森,徐玉成,2012. 基于广义可加模型和案例推理的东南太平洋智利竹筴鱼中心渔场预报. 海洋环境科学,30(1):30-33.

邵锋,陈新军,2008. 印度洋西北海域鸢乌贼渔场分布与海面高度的关系. 海洋科学,32(11):88-92.

宋婷婷,2014. 基于海面高度数据研究西北太平洋巴特柔鱼(*Ommastrephes bartrami*)渔场分布. 上海:上海海洋大学.

闫敏,张衡,樊伟,等,2015. 南太平洋长鳍金枪鱼渔场 CPUE 时空分布及其与关键海洋环境因子的关系. 生态学杂志,34(11):3191-3197.

颜云榕,冯波,卢伙胜,等,2012. 南沙群岛北部海域鸢乌贼(*Sthenoteuthis oualaniensis*)夏季渔业生物学研究. 海洋与湖沼,43(6):1177-1186.

余为,陈新军,易倩,2016. 西北太平洋海洋净初级生产力与柔鱼资源量变动关系的研究. 海洋学报,38(2):64-72.

余为,陈新军,2012. 印度洋西北海域鸢乌贼 9~10 月栖息地适宜指数研究. 广东海洋大学学报(6):74-80.

张宇美,2014. 基于碳氮稳定同位素的南海鸢乌贼摄食生态与营养级研究. 湛江:广东海洋大学.

Chen X, Liu B, Tian S, et al., 2007. Fishery biology of purpleback squid, Sthenoteuthis oualaniensis, in the northwest Indian Ocean. Fisheries Research, 83 (1): 98-104.

Georgakarakos S, Koutsoubas D, Valavanis V, 2006. Time series analysis and forecasting techniques applied on loliginidand ommastrephid landings in Greek waters. Fisheries Research, 78(1): 55-71.

Gore J A, Hamilton S W, 1996. Comparison of flow-related habitat evaluations downstreams of low-head weirs on small and large fluvial ecosystems. Regulated Rivers: Research & Management, 12(4-5): 459-469.

Grant W E, Matis J H, Miller W, 1988. Forecasting commercial harvest of marine shrimp using a Markov chain model. Ecological Modelling, 43(3): 183-193.

Lee P F, Chen I C, Tzeng W N, 2005. Spatial and temporal distribution patterns of Bigeye tuna (Thunnus obesus) in the Indian Ocean. Zoological Study, 44(2): 260-270.

Maddock I, 1999. The importance of physical habitat assessment for evaluating river health. Freshwater Biol, 41(2): 373-391.

Skov H, Humphreys E, Garthe S, et al., 2008. Application of habitat suitability modelling to tracking data of marine animals as a means of analyzing their feeding habitats. Ecological Modelling, 212(3-4): 504-512.

U. S. Fish and Wildlife Service, 1981. Standards for the development of habitat suitability index models. U. S. Fish and Wildlife Service: the United Stated: 1 – 81.

Zainuddin M, Kiyofuji H, Saitoh K, et al., 2006. Using multi-sensor satellite remote sensing and catch data to detect ocean hot spots for albacore (thunnus alalunga) in the northwestern north pacific. Deep Sea Research Part II Topical Studies in Oceanography, 53(3): 419 – 431.

第5章 基于贝叶斯分类器的南海黄鳍金枪鱼渔场预报模型

本章依据收集到的卫星遥感海洋渔场环境数据和渔获资料，截取了2000~2010年的历史渔获数据和环境数据，预拟了8种基于贝叶斯分类器的预报模型构建方案，对2011年南海黄鳍金枪鱼的渔场进行了分类预报，并将预报结果与实际渔场进行对比检验，分析了不同方案对最终分类结果和精度的影响，以期为进一步构建南海渔场预报服务系统提供可靠的模型基础。

5.1 数据来源

5.1.1 渔业数据

南海金枪鱼延绳钓渔业数据来源见3.1.1。考虑较为久远的渔业数据由于渔具、捕捞水平的落后等已不再具有代表性，因此本章只筛选了2000~2011年的历史渔获数据来构建预报模型。

5.1.2 海洋环境数据

SST数据来源见3.1.2。本章为了研究增加环境参数对预报模型精度的影响，还采用了SSH数据。该数据采用法国空间研究中心（CNES）卫星海洋数据中心提供的多卫星（Topex/Poseidon、Jason-1、Jason-2、Envisat、ERS-1、ERS-2和Cryosat-2）融合高度计月合成资料，空间分辨率为0.25°×0.25°。由于海洋环境数据空间分辨率不一致，为和渔业数据匹配，需将SST数据和SSH数据归并成5°×5°的空间格网。

5.2 研究方法

5.2.1 单位捕捞努力量渔获量

CPUE的计算方法同3.2.1，此处不再赘述。

5.2.2　主成分分析

贝叶斯分类器必须建立在环境条件对渔场的影响是相互独立的假设基础上，若各环境变量间具有相关性，则可能会影响分类的精度（王国才，2010）。因此，采用多个环境因子构建贝叶斯预报模型需要先对影响渔场的各环境变量进行主成分分析。主成分分析（principal component analysis，PCA）是在不丢失信息的同时，将具有相关性的多个变量通过线性变换转化为少数几个主成分，最终使得各主成分之间相互独立并能够反映初始变量的绝大部分信息（朱星宇，2011）。步骤如下：

（1）对各变量进行标准化处理，主要解决不同性质数据问题。本章采用标准差标准化（z－score 标准化）对各环境变量序列进行处理，公式如下：

$$y_i = \frac{x_i - \overline{x}}{s} \tag{5.1}$$

式中，y_i 为标准化后的新序列；x_i 为原始序列；$\overline{x}$ 为 x 序列的均值；s 为 x 序列的标准差。

（2）在标准化后的序列基础上计算相关系数矩阵 $\boldsymbol{R}$。

（3）求解特征方程 $|\lambda E - R| = 0$ 即可得到矩阵 $\boldsymbol{R}$ 的特征值 λ_i 和特征向量 $\boldsymbol{l}_i$，并将 $\boldsymbol{\lambda}_i$ 按从大到小排列。

（4）计算主成分贡献率及累积贡献率。

（5）计算各主成分载荷。

本章利用 Matlab 软件编程实现了上述步骤，结果表明 SST 和 SSH 两个环境因子的第一主成分贡献率为 80.23%，可选取第一主成分作为模型环境参数。

5.2.3　预报模型的建立

本章采用贝叶斯分类器对南海黄鳍金枪鱼渔场进行分类预报。该模型具体坚实的数学理论基础，能够量化地判断渔区属于某一类别的可能性，结果依靠历史渔获统计，考虑了生产者的捕捞经验，并在一定程度上反映了实际的渔场分布（樊伟等，2006；崔雪森等，2007；周为峰等，2012）。预报模型框架见图 5－1。

该模型需要历史的渔业生产数据和环境数据作为预报参数得到渔区为各类别的先验概率和在各种环境条件下的条件概率，然后以预报当时的海洋环境作为条件，计算出该条件下渔区属于各类别的条件概率，一般以条件概率最大的类别作为渔区的最终预报类别。从图 5－1 可以看出，在模型具体执行过程中环境因子的选取以及渔区的分类策略是本模型的两个关键，二者的配置方案将会直接影响最终的后验概率及分类结果。因此，本章以不同的环境条件选取

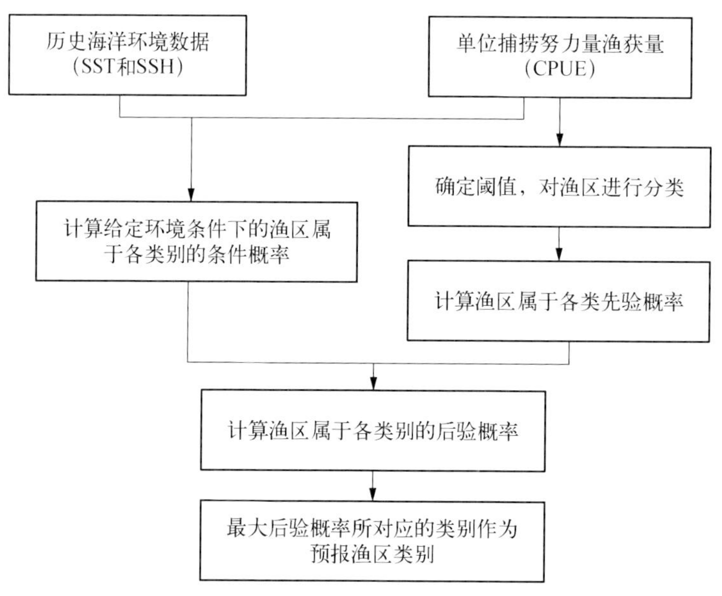

图 5-1　基于贝叶斯分类器的渔场预报模型框架

方案和渔区分类策略进行组合,预拟了 8 种方案(图 5-2),它们分别是:

方案 1: 只采用单 SST 环境因子,直接选取 SST 的真实值作为模型环境参数,参数间隔设置为 0.1℃,以历史 CPUE 的平均值作为节点将渔区分为两类。

方案 2: 同时采用 SST 和 SSH 两个环境因子,先对 SST 和 SSH 两变量进行主成分提取,再选取第一主成分作为模型环境参数,参数间隔设置为 0.1,以历史 CPUE 的平均值作为节点将渔区分为两类。

方案 3: 环境条件选取方案同方案 1,渔区分类策略以历史 CPUE 的中位数作为节点将渔区分为两类。

方案 4: 环境条件选取方案同方案 2,渔区分类策略以历史 CPUE 的中位数作为节点将渔区分为两类。

方案 5: 环境条件选取方案同方案 1,渔区分类策略以历史 CPUE 的平均值正负标准差作为节点将渔区分为三类。

方案 6: 环境条件选取方案同方案 2,渔区分类策略以历史 CPUE 的平均值正负标准差作为节点将渔区分为三类。

方案 7: 环境条件选取方案同方案 1,渔区分类策略以 33.3%与 66.7%作为历史 CPUE 的分位点将渔区分为三类。

方案 8: 环境条件选取方案同方案 2,渔区分类策略以 33.3%与 66.7%作为历史 CPUE 的分位点将渔区分为三类。

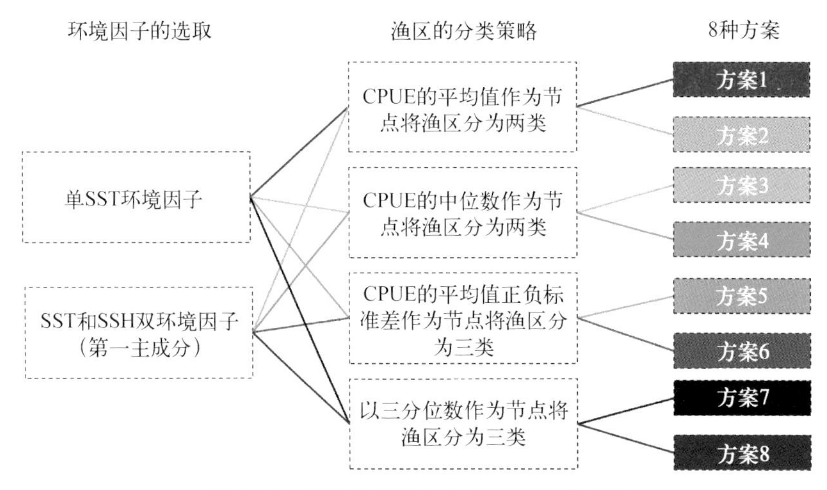

图 5-2　8 种贝叶斯分类器模型构建方案

1. 先验概率计算

渔区的先验概率计算基于某渔区在历史上出现某类别渔区的次数越多,其先验概率就越大这一假设。式(5.2)为渔区先验概率计算公式:

$$P(h_i) = \frac{N_i}{N_{\text{total}}} \times 100\% \tag{5.2}$$

式中, h_i 为渔区第 i 类事件; $P(h_i)$ 为不考虑给定环境条件时发生 h_i 事件时的先验概率; N_i 为某渔区在历史上发生 h_i 事件的次数; N_{total} 为某渔区在历史上的统计次数。

2. 条件概率计算

渔区的条件概率是指渔区为某类别渔区时,某环境参数出现的概率。统计出渔区为某类别渔区时,某环境参数出现的概率 $P(e/h_i)$,计算公式如下:

$$P(e/h_i) = \frac{M_i}{N_i} \times 100\% \tag{5.3}$$

式中, $P(e/h_i)$ 为渔区发生 h_i 事件时,某环境参数 e 出现的概率; N_i 为渔区历史上发生 h_i 事件的次数; M_i 为渔区历史上发生 h_i 事件时,某环境参数 e 出现的次数。

3. 渔场预报概率

在计算出渔场条件概率和先验概率分布的基础上,采用贝叶斯概率原理,即可计算出每个渔区各类别的后验概率,公式如下:

$$P(h_i \mid e) = \frac{P(e \mid h_i) \times P(h_i)}{\sum_{i}^{n} P(e \mid h_i) \times P(h_i)} \tag{5.4}$$

将各渔区后验概率的最大值所对应的类别作为该渔区类别。

4. 预报精度检验

利用2000年1月~2010年12月的数据作为历史数据对渔区进行分类预报,并将预报结果与2011年的实际渔获数据进行对比检验。具体是将分类预报的结果与实际的结果建立误差矩阵表(赵英时,2003),计算出它的总体精度,即正确预报的个数与待检验渔区个数的比值,其表示的是对于每一个渔区,所预报的结果与实际渔区类型相一致的概率。预报精度计算公式如下:

$$p_c = \sum_{i=1}^{n} p_{ii}/p \tag{5.5}$$

式中,p_c 为预报的总体精度; p_{ii} 为正确预报的个数;n 为预报结果的类别数; p 为待检验的渔区个数。

5.3 结果

2011年待分类的渔区共有168个,以历史CPUE的平均值作为节点将渔区分为两类,其中高CPUE渔区有63个(占37.5%),低CPUE渔区有105个(占62.5%)。以历史CPUE的中位数作为节点将168个渔区分为两类,其中高CPUE渔区有63个(占37.5%),低CPUE渔区有105个(占62.5%),其各类别的个数与用第一种用CPUE的平均值作为节点的方法相同。以历史CPUE的平均值正负标准差作为节点将渔区分为三类,其中高CPUE渔区有9个(占5.3%),中CPUE渔区有109个(占64.9%),低CPUE渔区有50个(占29.8%)。以33.3%与66.7%作为历史CPUE的分位点将渔区分为三类,其中高CPUE渔区有30个(占17.8%),中CPUE渔区有51个(占30.4%),低CPUE渔区有87个(占51.8%)。

5.4 讨论

表5-1给出了8种方案的预报结果,方案1、3、5和7采用单SST环境因子,直接选取SST的真实值作为模型环境参数,除方案7外均能得到较好的总

体精度。国内外学者对黄鳍金枪鱼渔场与 SST 关系做了大量的研究(Stech et al., 2004;Lankw et al., 2011),第 3 章的结果也表明黄鳍金枪鱼渔场分布与 SST 存在着密切联系,樊伟和周为峰等也曾利用 SST 遥感数据基于贝叶斯原理对太平洋和印度洋金枪鱼渔场构建预报模型,其回报结果精度均在 65%~70%(樊伟等,2006;周为峰等,2012),说明单 SST 环境因子在南海黄鳍金枪鱼贝叶斯预报模型中是个可靠的环境预报因子。其对照组为方案 2、4、6 和 8,采用的是 SST 和 SSH 两个环境因子,并对 SST 和 SSH 两变量进行主成分提取,再选取第一主成分作为模型环境参数。相比之下,采用 SST 和 SSH 双环境因子的方案均比采用单 SST 环境因子的方案总体精度有所提高(表 5-1),说明 SSH 并没有弱化 SST 的贡献,或者说模型加入 SSH 在一定程度上提高了预报的精度,显示 SSH 对南海黄鳍金枪鱼渔场分布有一定的影响。王少琴等(2014)的研究结果表明 SSH 显著影响中西太平洋黄鳍金枪鱼 CPUE 的分布,SSH 较高处的年均 CPUE 较高,并认为可选择 SSH 较高的海域进行生产作业。海洋环境因子不是相互独立的,各因子间往往存在着一定的相关性(He et al., 2010)。本章通过主成分分析去除了 SST 和 SSH 之间的相关性,并用第一主成分代替两个环境因子,使预报结果相对更加准确,也说明了用主成分来替代环境的真实值进行预报的方法是可行的。

表 5-1　贝叶斯分类器 8 种方案的预报结果

方案	高 CPUE 渔区（正确数/率）	中 CPUE 渔区（正确数/率）	低 CPUE 渔区（正确数/率）	无法判别个数（数/率）	总体（正确数/率）
1	53/84.1%	—	67/63.8%	3/1.8%	120/71.4%
2	57/90.5%	—	69/65.7%	—	126/75%
3	52/82.5%	—	67/63.8%	3/1.8%	119/70.8%
4	56/88.9%	—	69/65.7%	—	125/74.4%
5	1/20%	94/86.2%	18/36%	3/1.8%	113/66.7%
6	1/20%	100/91.7%	14/28%	—	115/68.5%
7	19/63.3%	22/43.1%	56/64.4%	3/1.8%	97/57.7%
8	19/63.3%	20/39.2%	68/78.2%	—	107/63.7%

对 4 种分类策略进行对比,其中,方案 1、2 是以 CPUE 平均值为节点分为两类,方案 3、4 是以 CPUE 中位数为节点分为两类,方案 5、6 是以 CPUE 平均值正负标准差为节点分为三类,方案 7、8 是以 33.3%与 66.7%作为历史 CPUE 的分位点将渔区分为三类。方案 1、2 的精度为 71.4%、75%,方案 3、4 的精度为 70.8%、74.4%,采用平均值节点比采用中位数节点区分高、低 CPUE 渔区要稍微准确。方案 5、6 的精度为 66.7%、68.5%,方案 7、8 的精度为 57.7%、63.7%,

采用 CPUE 平均值正负标准差作为节点比以 33.3%与 66.7%作为节点来区分高、中、低 CPUE 渔区要准确很多。事实上，以 CPUE 中位数作为节点或以 33.3%与 66.7%作为节点均是将历史作业渔区的 CPUE 等级均分化处理，即认为高、低 CPUE 渔区各占一半或高、中、低 CPUE 渔区各占三分之一，这与实际作业情况不符。渔业生产者一般具有丰富的经验，应更趋向于在中、高 CPUE 渔区进行捕捞作业，多年的 CPUE 基本遵循正态分布或偏态分布，采用 CPUE 平均值正负标准差作为节点的分类结果更能反映真实的捕捞作业情况。方案 5、6 中高 CPUE 的准确率虽仅有 20%，但由于 2011 年的高 CPUE 渔区个数只有 9 个（占 5.3%），并不能断定采用 CPUE 平均值正负标准差作为节点的分类策略无法准确判别高 CPUE 渔区。

模型预报精度还与历史数据的时间长度有关，历史数据的长度不宜过长也不能太短，考虑捕捞能力和资源量的变动，较为久远的数据关系可能与当前真实情况存在较大差异，无法反映现有的现象，而长度过短又会导致进行训练的数据量不足，也同样会影响分类结果的可靠性。因此，作者认为 2001~2010 年南海黄鳍金枪鱼资源量变动不大，并且对其作业是基于同一捕捞能力水平下的。此外，历史渔获数据与环境数据的关系可能存在月季间的差异，若存在差异，直接套用一种恒定的关系模式必然会使精度大打折扣，因此在数据量足够多的情况下有必要对其在每个月的关系分别进行考究。当然，模型预报精度的影响因素远不止这些，唯有不断地尝试和改进，才能使模型逐渐趋于完善。

参考文献

崔雪森，陈雪冬，樊伟，2007. 金枪鱼渔场分析预报模型及系统的开发. 高技术通讯，17(1)：100-103.

樊伟，陈雪忠，沈新强，2006. 基于贝叶斯原理的大洋金枪鱼渔场速预报模型研究. 中国水产科学，13(3)：426-431.

王国才，2010. 朴素贝叶斯分类器的研究与应用. 重庆：重庆交通大学.

王少琴，许柳雄，朱国平，等，2014. 中西太平洋金枪鱼围网的黄鳍金枪鱼 CPUE 时空分布及其与环境因子的关系. 大连海洋大学学报(3)：303-308.

赵英时，2003. 遥感应用分析原理与方法. 北京：科学出版社：206-207.

周为峰，樊伟，崔雪森，等，2012. 基于贝叶斯概率的印度洋大眼金枪鱼渔场预报. 渔业信息与战略，27(3)：214-218.

朱星宇，2011. SPSS 多元统计分析方法及应用. 北京：清华大学出版社.

He R, Chen K, Moore T, et al., 2010. Mesoscale variations of sea surface temperature and ocean color patterns at the Mid—Atlantic Bight shelf break. Geophysical Research Letters, 37(9): 493-533.

Lan K W, Lee M A, Lu H J, et al., 2011. Ocean variations associated with fishing conditions for yellowfin tuna (*Thunnus albacares*) in the equatorial Atlantic Ocean. ICES Journal of Marine Science: Journal du Conseil, 68(6): 1063-1071.

Stech J L, Zagaglia C R, Lorenzzetti J A, 2004. Remote sensing data and longline catches of yellowfin tuna (*Thunnus albacares*) in the equatorial Atlantic. Remote Sensing of Environment, 93(1-2): 267-281.

第6章　基于集成学习和多尺度环境特征的南海鸢乌贼渔场预报

海洋环境和渔业资源信息是海洋渔业资源利用和保护的重要信息支撑，利用海洋遥感开展渔场渔情信息服务已成为海洋渔业生产和管理规划的重要保障。海洋渔场渔情分布与自然环境及人类活动等多种因素有关，渔场分布的预报受渔业生产数据记录的准确性以及环境要素遥感反演的精度等多因素影响。

利用单一的统计学习模型，针对SST等少数海洋环境参数和渔业生产数据构成的给定训练数据集，训练得到单个学习器模型来建立海洋渔场预报模型。从预报方法上，单一的统计学习模型，属于强学习机，很容易陷入对样本数据的过拟合而降低预报模型的泛化能力。采用单一的传统机器学习模型建立映射关系，往往存在过学习的问题，即映射模型对于样本数据的过拟合，导致映射模型对样本的拟合误差很小，但泛化推广性能不足，对未参与学习训练的实际数据预报错误率很高。

与传统的单一学习器不同，集成学习通过训练多个算法并将其结果以某种方式组合，从而达到提高泛化能力的目的。集成学习模型是利用一定的方式更改初始训练样本的分布，构建不同的基学习器，并结合一定策略进行组合得到更强的集成学习器，提升了单一学习器性能。利用海洋遥感多环境要素的基于多个子学习机集成的学习渔场预报方法，提高渔场预报模型的泛化能力和预报精度。

6.1　多时空尺度环境特征集

海洋渔场的分布和变化是与不同时间和空间尺度的多种海洋环境因子密切相关的。根据海洋环境参数进行海洋渔场预报，实质是建立多维海洋环境特征空间到海洋渔场特征空间的映射。映射关系的建立是否可以准确反映渔场特征的分布，是海洋渔场预报方法研究的关键问题。海洋现象包含着大量的柔性信息，表现出模糊性、复杂性和不精确性，若忽略时空数据的时空特性，用传统数理统计的相关分析和回归分析进行处理，存在是否满足传统数理统计前提条件的问题。同时，忽略时空特性或现象间的时空关系，存在可能造成分析结果的不可靠等问题。海洋渔场分布受到不同时空尺度的多种海洋环境因子的影响。采用固定格网大小的少数几种单一时空分辨率海洋环境参数建立的映射模型，只能反映海洋渔场分布特征的部分空间子集，对其未覆盖到的渔场特征空间区域，并不能实现有效预报。利用多尺度环境特征的渔场预报方法，可以解决上述问题。通过以下步骤建立可用于渔场预报的多尺度环境特征集。

（1）原始海洋环境遥感数据预处理：将卫星遥感技术得到的海表多环境要素进行预处理，按照感兴趣区域的经纬度范围进行裁切，得到感兴趣区域环境数据子集。由于卫星遥感反演数据受到天气条件云遮挡等的影响，在不同时段和地理位置处会有数值缺失，因此，还需基于邻域相关性对缺失值进行插值补值。

（2）构建多尺度环境特征数据集：根据渔业作业特点，利用3天平均、8天平均、4 km分辨率、9 km分辨率等原始数据进行重采样，得到0.1°、0.25°、0.5°分辨率的特征数据，同时利用同源或异源的其他不同时空尺度的环境数据，组合构建多时空尺度数据集。

（3）计算CPUE：根据渔业捕捞生产记录数据，计算CPUE：

CPUE＝渔获产量/捕捞努力量

根据CPUE分布设定阈值，生成渔场样本标签。

（4）渔业生产数据与海洋遥感环境数据的时空匹配，建立多时空尺度渔场海洋环境特征样本集：根据渔业生产数据的时间和经纬度，搜索不同尺度上的空间及时间距离满足邻近阈值的海洋环境数据，作为样本匹配的多尺度环境特征，形成多尺度渔场海洋环境特征样本数据集。

（5）利用多尺度渔场海洋环境特征开展渔场预报：利用以上多时空尺度样本集，建立不同时间尺度和空间尺度的海洋环境特征到渔场分布特征的空间映射并开展渔场预报，获得渔场概率预报结果。

6.2　基于AdaBoost的集成学习预报模型

向从事海洋捕捞生产的渔民或渔业船队提供海洋渔业资源的丰度分布和海洋水文气象等海洋环境信息，可以有效减少其海上寻鱼时间，节约燃料及降低劳动成本，提高捕捞效率，具有显著的经济价值和社会效益。现有的技术集中在以整个作业渔区为对象,采用固定格网大小的单一分辨率海洋环境参数和渔业生产数据,通过传统统计学习模型进行海洋环境分析和渔场预报。

海洋渔场的分布和变化是与不同时间和空间尺度的多种海洋环境因子密切相关的。根据海洋环境参数进行海洋渔场预报,实质是建立多维海洋环境特征空间到海洋渔场特征空间的映射。面向大数据、较少依赖专家知识且具有较高预测性能的集成学习方法,其每个弱学习器的单一偏好不会处于主导地位,降低了过拟合风险。

Schapire 于 1990 年提出第一种 Boosting 算法(Schapire, 1990)。不同于 Bagging, Boosting 通过分布迭代的方式构建模型。其基本思想为:首先从原始训练集训练初始子学习机,进而根据子学习机的性能表现进行样本调整,使分类错误的样本得到更多关注,每个子学习机都会在前一个子学习机的基础上进行学习,最终综合所有子学习机,其综合方式通常选择加权运算。该算法串行多个子学习机(通常选用同一种)构建强学习机,学习机之间有着较强的相关关系,因而可显著提高模型的学习效率。

自适应增强(adaptive boosting, AdaBoost)是 Boosting 最简单且最有代表性的提升算法,其在训练过程中首先为每个样本赋予相同的权重,训练得到初始分类器,其中分错的样本则被赋予更高的权重继续下一轮训练,n 次迭代后得到 n 个基本分类器,将 n 个分类器加权(或投票)组合得到最终分类器(Freund et al., 1995),主要涉及样本权重的更新以及基本分类器权重的更新计算。集成学习模型包括 M 个相互独立的子学习机。

AdaBoost 算法流程如下:

(1) 初始化训练数据的权值分布 W_m :对 N 个学习样本,每一个训练样本的权值都被初始为 $W_1(i) = 1/N$ 。

(2) 依次训练 M 个基础的子学习机 G_m

1) 以 W_m 作为训练数据集的权值分布进行学习,得到基本分类器 $G_m(x)$, $x \to \{-1, 1\}$,并计算其分类误差率 e_m 和分类器集成权重 α_m:

$$e_m = \sum_{\{i:\ G_m(x_i) \neq y_i\}} W_m(i) \tag{6.1}$$

$$\alpha_m = \frac{1}{2}\log\frac{1 - e_m}{e_m} \tag{6.2}$$

2) 更新训练数据集的权值分布 W_{m+1}:

$$W_{m+1}(i)=\frac{W_m(i)}{Z_m}\exp\left[-\alpha_m y_i G_m(x_i)\right] \tag{6.3}$$

$$Z_m=\sum_{i=1}^{N}W_m(i)\exp\left[-\alpha_m G_m(x_i)y_i\right] \tag{6.4}$$

如此训练过程加大了被基本分类器 G_m 误分类样本的分布权值,使之更容易被之后的子学习机选中作为学习样本。Boosting 集成方法能更“聚焦于”那些分类困难的样本,同时保持各个子学习机学习的样本空间子集具有一定的差异度,进行自适应集成。

3）对各个子学习机的结果进行加权平均,作为最终的集成模型:

$$G(x)=\mathrm{sign}\left\{\sum_{m=1}^{M}\alpha_m G_m(x)\right\} \tag{6.5}$$

每个学习机的准确率为 $1-p$,该集成系统发生错误的概率为

$$p_{\mathrm{err}}=\sum_{k>\frac{N}{2}}^{N}\binom{N}{k}p^k(1-p)^{N-k} \tag{6.6}$$

当 $p<1/2$ 时,p_{err} 随 N 的增大而单调递减,即集成精度随学习机数目增多而提高。

以 $V^{\alpha}(x)$ 表示在输入 x 下第 α 个学习机的输出,在加权平均的集成方式下,集成系统的输出为

$$\bar{V}(x)=\sum_{\alpha=1}^{N}\omega_{\alpha}V^{\alpha}(x)$$

集成输出与实际值之间的误差平方为

$$e(x)=\left[f(x)-\bar{V}(x)\right]^2$$

学习机 α 的输出与实际值误差平方及与集成输出的偏离度分别为

$$\varepsilon^{\alpha}(x)=\left[f(x)-V^{\alpha}(x)\right]^2$$

$$a^{\alpha}(x)=\left[V^{\alpha}(x)-\bar{V}(x)\right]^2$$

集成系统中的学习机个体输出与实际值的总的误差及与集成输出总的偏离度分别为

$$\varepsilon(x)=\sum_{\alpha=1}^{N}\omega_{\alpha}\varepsilon^{\alpha}(x)$$

$$a(x) = \sum_{\alpha=1}^{N} \omega_{\alpha} a^{\alpha}(x)$$

在输入空间密度分布 $p(x)$ 下,整个集成系统的泛化误差为

$$E = \int p(x)[\varepsilon(x) - \alpha(x)]\mathrm{d}x = \overline{E} - \overline{A}$$ 。

其中,$\overline{E}$ 为系统平均偏差;$\overline{A}$ 度量了各学习机的相关程度。集成中各学习机是相互独立的,集成的差异度较大,其泛化误差将远小于各学习机泛化误差的加权平均。

采用多个简单结构的决策树作为子学习机,基于 Boosting 算法进行学习机集成,构建基于集成学习的渔场预报模型。每个简单的子学习机,只学习特征空间的一个子集。Boosting 算法在模型训练过程中会提高已训练的子学习机中预测错误的样本作为后续子学习机样本的权重,以保证各个子学习机的差异度,每个学习机学习不同的特征空间子集信息。因此,可以在提高预测精度的同时降低泛化误差。

6.3 渔场预报模型的建立

采用多个简单的决策树作为子学习机对输入特征和样本进行学习,每个子学习机只学习输入的部分特征子集,采用 Boosting 方法将各个子学习机进行集成,构建利用海洋遥感多环境要素的集成学习渔场预报方法,可避免复杂模型带来的过拟合问题,提高预报模型的预报性能和泛化推广能力,有效快速确定渔场位置,降低渔场寻鱼时间,提高渔获产量,其具有重要的科学价值和经济社会效益。

利用海洋遥感多环境要素进行集成学习渔场预报方法,我国南海所涉及的105°E~130°E,0°~30°N 经纬度为研究范围,包括以下步骤(图 6-1):

(1) 对遥感所获取的海洋遥感多环境参数数据进行预处理。遥感所获取的海洋遥感多环境参数数据包括叶绿素浓度、SST、SSH。

原始海洋环境参数数据为 2009~2014 年 MODIS 卫星 4 km 分辨率 8 天平均全球数据,共计包含 ERDAS Imagine 格式文件 2 198 个,HDF 格式文件 2 208 个。

数据裁切:据南海渔业常规作业范围,按照 105°E~130°E,0°~30°N 经纬度范围进行裁切,得到南海作业区域环境数据子集。

数据插值:遥感反演数据受到天气条件等因素的影响,导致在不同时段和

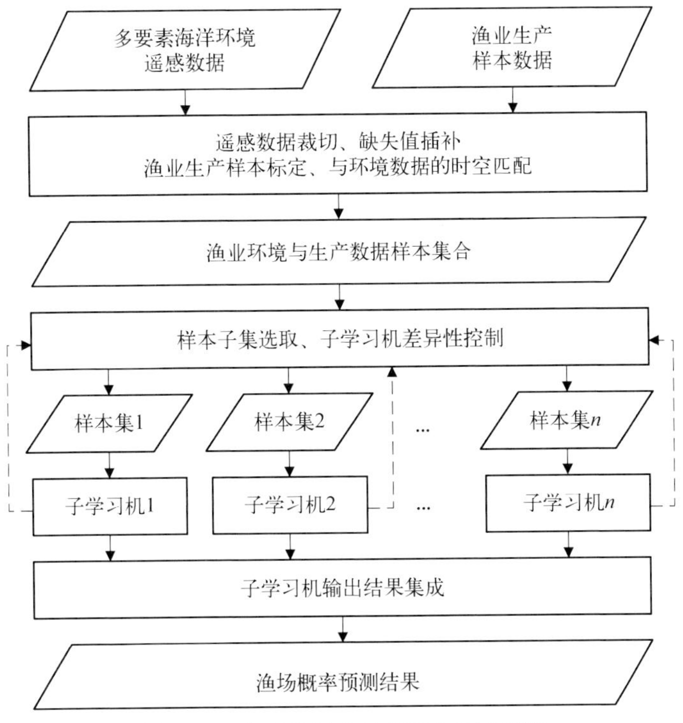

图6-1　集成学习渔场预报方法流程图

地理位置处会有数值缺失。基于邻域相关性对缺失值进行插补。

（2）构建多时空尺度环境数据集：原始海洋环境参数数据中叶绿素浓度、SST包括MODIS卫星的Aqua和Terra空间分辨率4 km、时间分辨率8天的全球反演数据，SST数据包括SST、NSST、SST4三种不同算法的产品。SSH为空间分辨率0.25°、时间分辨率1天的南海区域的数据。

根据渔业作业特点，利用原始4 km数据进行重采样，得到0.1°、0.25°、0.5°分辨率的特征数据。渔场预报同时采用原始4 km以及0.1°、0.25°、0.5°四种不同分辨率数据作为输入特征。

（3）渔业捕捞生产数据预处理：收集鸢乌贼生产数据共计939条生产记录，根据输入的渔获产量和生产时长，采用以下公式计算单位捕捞努力量渔获量。

$$\text{CPUE} = \text{渔获产量}/\text{生产时长}$$

根据CPUE的百分位统计信息，以其中位数（median value）作为是否为渔场的阈值，建立渔场分类标签。

渔业数据中生产时长信息缺失的记录共计 50 个,作为无效样本(NA)处理。

(4) 渔业生产数据与海洋遥感环境的匹配,构建多尺度特征集:根据渔业生产数据的作业日期和经纬度,搜索空间及时间距离最小的海洋环境数据,作为样本的匹配环境特征。根据渔业生产数据的作业日期和经纬度,搜索 4 km、0.1°、0.25°、0.5°、1 天、8 天等不同时空尺度上空间及时间距离最接近的海洋环境数据,作为样本匹配的多尺度环境特征,构成多尺度样本数据集。

(5) 基于以上多尺度样本数据集,采用基于 AdaBoost 算法建立多时空尺度的海洋环境特征到渔场分布特征的空间映射,开展渔场预报。

按照分层抽样方法,将样本分为 10 份,每份样本中分类标签为渔场和非渔场的样本数量比例保持基本一致(图 6-2)。多种特征数据的概率分布及相关性如图 6-3 所示。

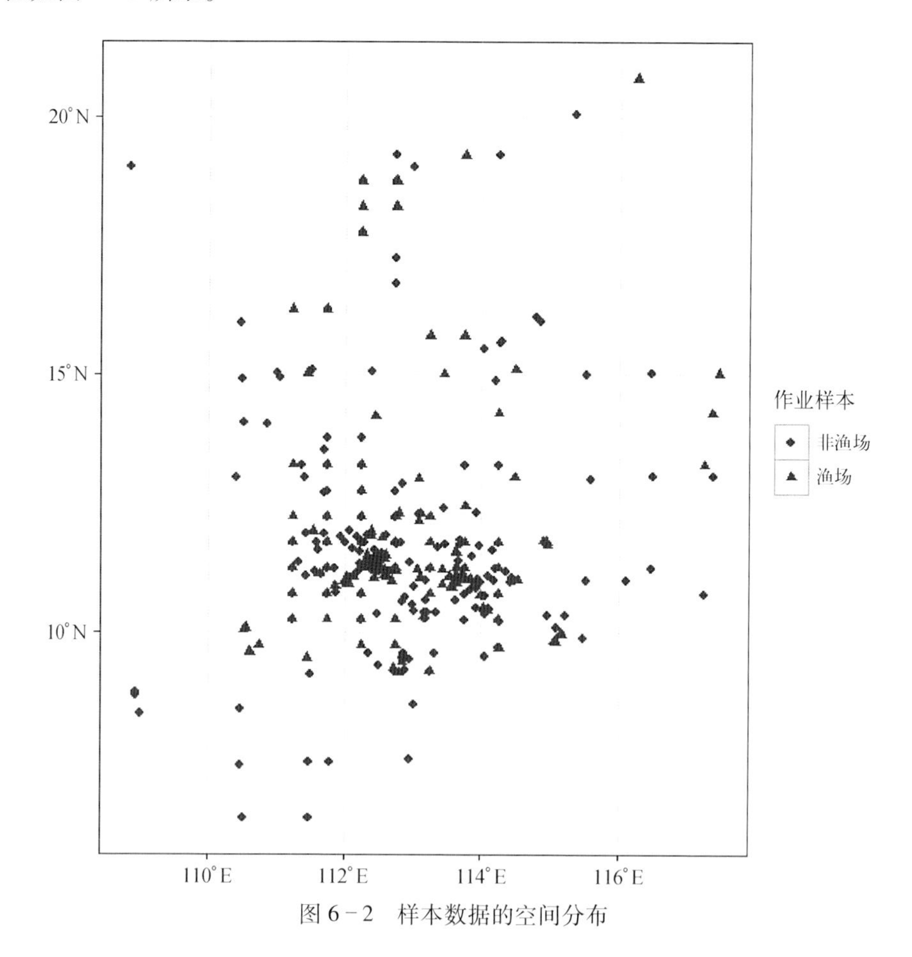

图 6-2 样本数据的空间分布

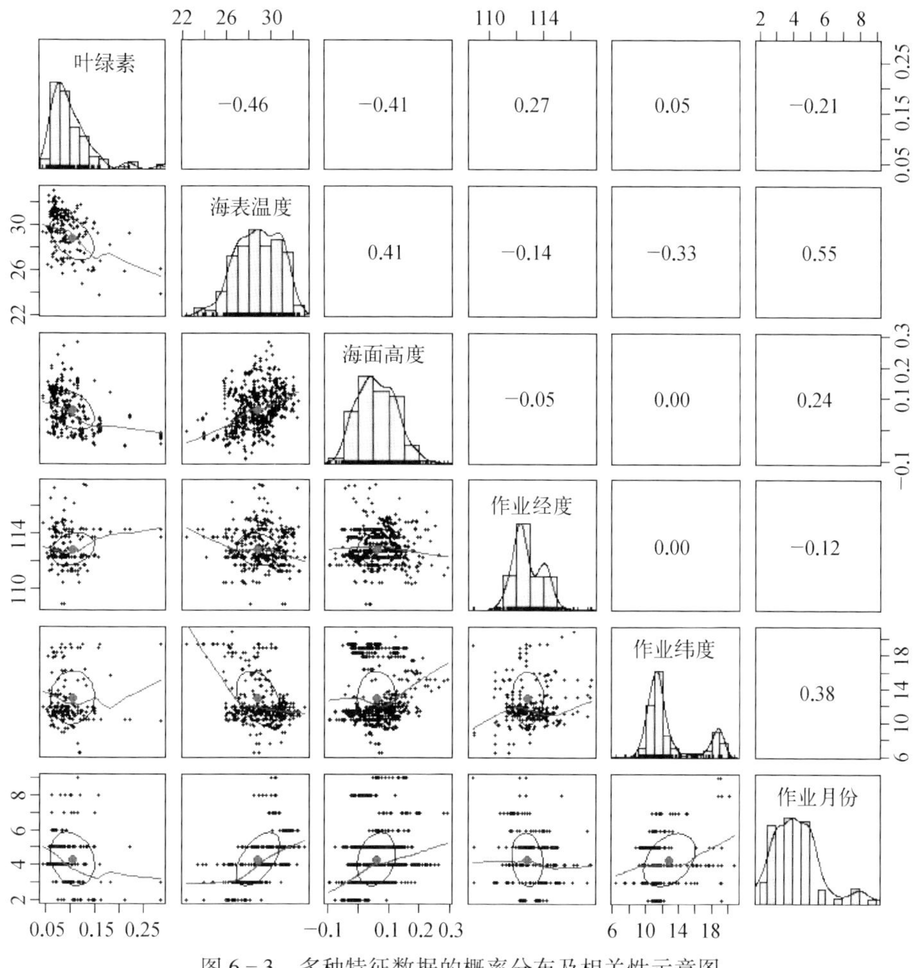

图 6－3　多种特征数据的概率分布及相关性示意图

采用十折交叉验证方法，每次选取 9 份样本作为训练样本，对模型进行训练。余下的 1 份样本作为测试样本对训练结果进行性能测试和评估。每次选择不同的 1 份样本作为测试样本，如此重复进行 10 次训练和评估，以 10 次评估的平均值作为模型性能指标。

采用 100 个简单决策树作为子学习机，基于 AdaBoost 算法进行学习机集成。采用以上集成学习模型，10 次运行结果平均值：准确率 0.82，95%置信度准确率置信区间为 0.79~0.84。结果一致性检验 Kappa 值为 0.64，达到较好的一致性水平。作为对比，采用 C5.0 决策树模型的强学习机，十折交叉验证的准确率在 0.6~0.7，一致性检验 Kappa 值为 0.35。多环境要素的集成学习模型具有更好的预测准确性和更好的泛化推广能力。

以 2014 年第 105~112 天的环境平均数据为例进行预报。

对 2014 年第 104 天及临近 8 天的环境数据建立多尺度海洋环境特征集并进行渔场预报，预报结果如图 6-4 所示。图 6-5 为叠加了海面高度等值线的渔场概率预报结果图，其中各个位置的渔场概率大小以不同直径的圆圈符号表示。图 6-6 为多尺度海洋环境特征与集成学习相结合的渔场预报方法流程图。

上述内容介绍了基于集成学习和多时空环境特征的渔场预报方法的基本原理和主要特征，并以南海鸢乌贼作为试验对象，通过建立多维海洋环境特征空间到海洋渔场特征空间的有效映射，使得映射关系可以更稳健更全面地反映海洋渔场分布规律，提高了渔场预报的准确性，具有重要的科学价值和经济社会效益。

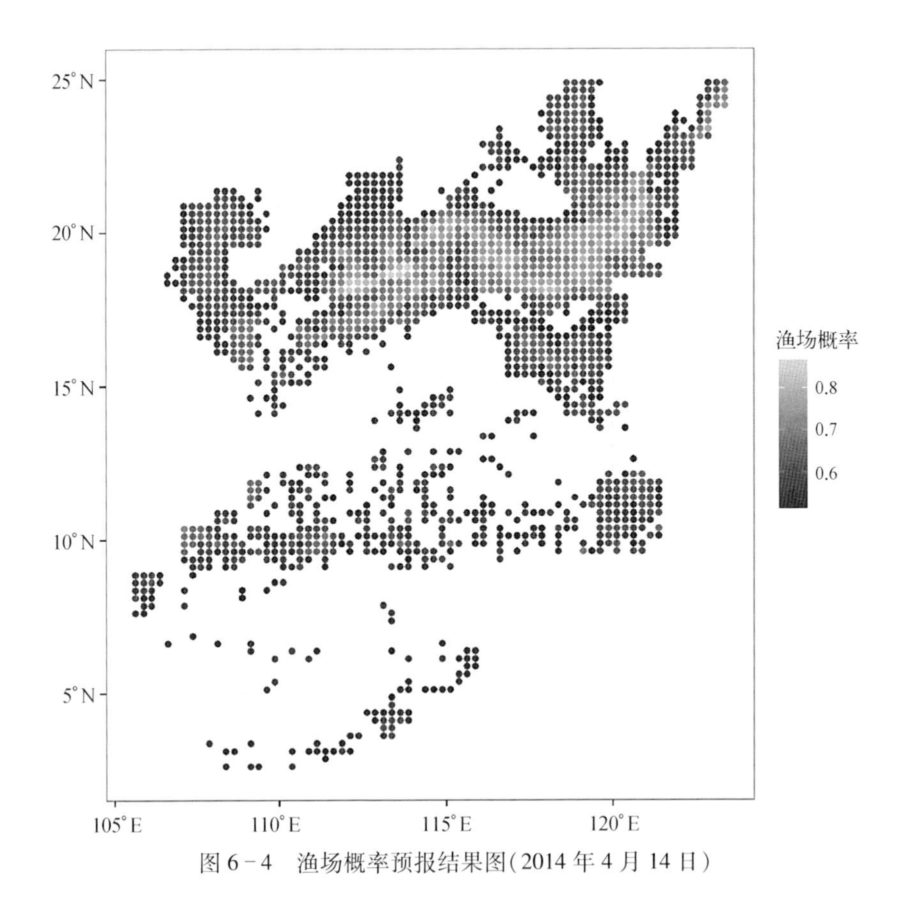

图 6-4　渔场概率预报结果图(2014 年 4 月 14 日)

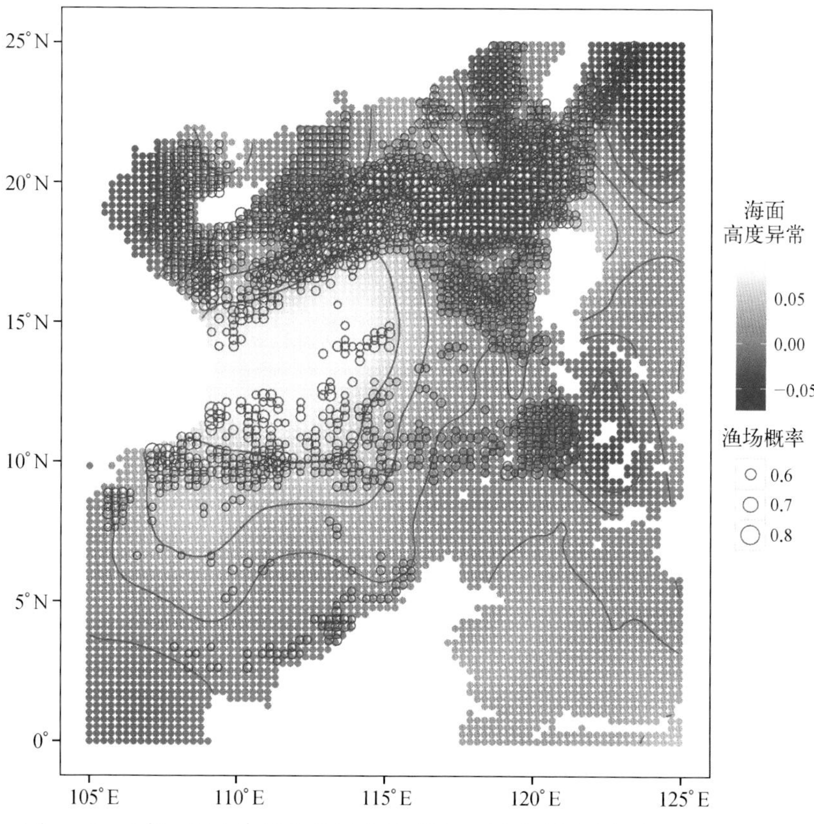

图 6 - 5　叠加了海面高度等值线的渔场概率预报结果图(2014 年 4 月 14 日)

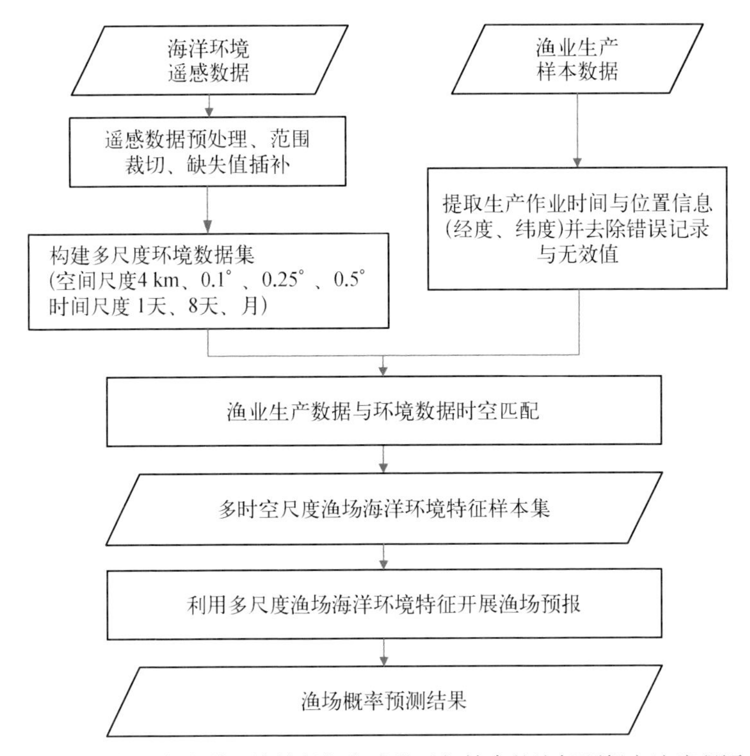

图 6－6　多尺度海洋环境特征与集成学习相结合的渔场预报方法流程图

参考文献

陈雪忠，樊伟，崔雪森，等，2013. 基于随机森林的印度洋长鳍金枪鱼渔场预报. 海洋学报（中文版），35（1）：158－164.

崔雪森，唐峰华，张衡，等，2015. 基于朴素贝叶斯的西北太平洋柔鱼渔场预报模型的建立. 中国海洋大学学报（自然科学版），45（2）：37－43.

崔雪森，伍玉梅，张晶，等，2012 基于分类回归树算法的东南太平洋智利竹筴鱼渔场预报. 中国海洋大学学报（自然科学版），42（7）：53－59.

周为峰，樊伟，崔雪森，等，2012. 基于贝叶斯概率的印度洋大眼金枪鱼渔场预报. 渔业信息与战略，27（3）：214－218.

Freund Y, Schapire R E, 1997. A decision-theoretic generalization of on-line learning and an application to boosting. Journal of Computer and System Sciences, 55(1):119－139.

Schapire R E. 1990. The strength of weak learnability. Machine Learning, 5(2): 197－227.

第7章 基于海表温度数据的南海中尺度锋信息提取与分析

世界大洋及其附属海的绝大多数水团,都是先在海洋表面获得其初始特征,接着因混合或下沉、扩散而逐渐形成的。初始特征的形成,主要取决于水团源地的地理纬度、气候条件和海陆分布以及该区域的环流特征。水团形成之后,其特征因外界环境的改变而变化,终因动力或热力效应而离开表层,下沉到与其密度相当的水层。通过扩散及与周围的海水不断混合,继而形成表层以下的各种水团。

在两个水团的交界处,由于性质不同的海水交汇混合,往往形成具有一定宽(厚)度的过渡带(层)。如果这两个水团的特征有明显的差异,其水平混合带中海水的物理、化学、生物甚至运动学特征的空间分布,都将发生突变。各种参数的梯度明显增大的水平混合带,称为海洋锋面。在海洋锋面中,由于海水混合增强,生物生产力增高,因而往往形成良好的渔场。

海洋锋面是海洋中不同水团或水系间的狭长的分界面,锋面处水文要素急剧变化,海水辐聚,垂直运动强烈,伴随着海水携带的营养物质的运输和富集,为海洋生物提供丰富的饵料,因此锋区生物生产力水平高,往往能形成良好的渔场(刘泽,2012)。

7.1 数据来源

本章采用网站 http://www.remss.com/提供的红外与微波融合的 SST 数据作为锋面提取的原始数据,选取的研究区域范围为 0~30°N,105°E~130°E,该数据空间分辨率为 9 km,时间分辨率为 1 天。该数据在红外波段数据来自 Terra/MODIS 和 Aqua/MODIS,微波波段数据来自 TMI、AMSR-E、AMSR2、WindSat,数据综合了红外波段数据高空间分辨率及微波数据良好穿透性的优势,保证数据空间分辨率的同时解决了云覆盖造成的局部数据丢失问题。由于中尺度锋的时间尺度一般为数天到数月,本章计算出研究区域的周平均 SST,并在周平均 SST 数据的基础上进行锋面提取。

7.2 中尺度锋在海表温度数据上的特征

中尺度锋对应SST遥感影像上的边缘信息，然而与陆地或其他固体影像不同的是，海洋属于流体，SST在空间分布上是渐变的(图7-1)，边缘信息不明显，SST遥感影像上不同水团间无明显的分界线。因此，中尺度锋属于SST遥感影像上的弱边缘信息，其在SST遥感影像上特征表现并不明显。

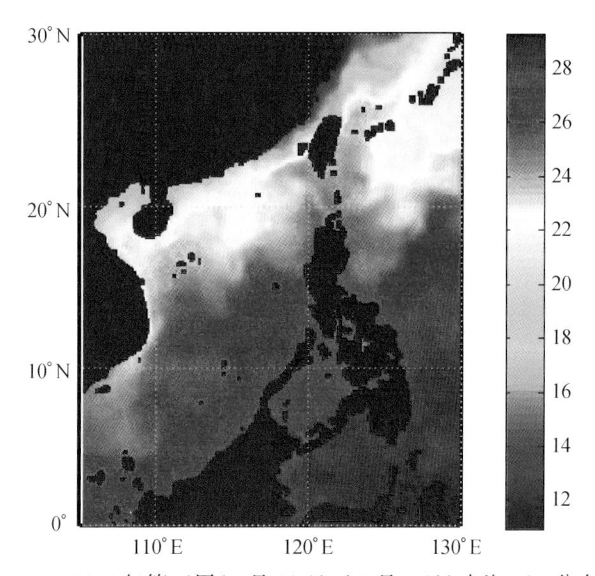

图7-1　2014年第五周(1月29日至2月4日)南海SST分布图

7.3 基于SST数据的中尺度锋提取方法

7.3.1 梯度法

梯度法及传统边缘检测算法是目前应用最广泛的海洋中尺度锋提取算法。其中，梯度法根据锋面在对应水文要素上呈现较高的水平梯度的基本特性，通过选取高水平梯度像元以实现锋面提取。其基本步骤主要包括：梯度计算、梯度阈值选取以及图像二值化分割(黎安舟等，2017)。海洋水文要素遥感影像中，像元$P(i,j)$水平梯度计算方法为

$$\mathrm{Grad} = \sqrt{{D_x}^2 + {D_y}^2} \tag{7.1}$$

梯度法中：

$$D_x = \frac{P(i,j+1) - P(i,j-1)}{2\Delta X} \tag{7.2}$$

$$D_y = \frac{P(i+1,j) - P(i-1,j)}{2\Delta Y} \tag{7.3}$$

式中，ΔX 、ΔY 分别为沿纬线、经线方向上的像元大小，即像元所在遥感图像的空间分辨率。梯度法计算简单，但其锋面提取结果受阈值选取的影响很大，且梯度计算过程中通常能强化噪声信息，锋面提取结果容易受噪声干扰，因此用梯度法提取锋面时，通常需要在计算图像梯度前对图像进行滤波处理以减少噪声的影响。

7.3.2 Sobel 算法

传统的边缘检测算法通常是利用固定的边缘检测算子对图像进行相应计算，从而达到锋面提取的目的（如 Sobel 算法和 Canny 算法）。其中，Sobel 算法是通过 Sobel 算子 $\begin{bmatrix} -1 & 0 & 1 \\ -2 & 0 & 2 \\ -1 & 0 & 1 \end{bmatrix}$ 和 $\begin{bmatrix} 1 & 2 & 1 \\ 0 & 0 & 0 \\ -1 & -2 & -1 \end{bmatrix}$ 对图像进行卷积运算，得到研究区域东西方向及南北方向的方向梯度幅值并通过式（7.1）进一步计算得到研究区域全局梯度幅值，使图像边缘信息得到加强，最后根据合理的阈值对卷积运算后的图像进行二值化处理从而实现涡旋的提取。Sobel 算法能有效提高遥感影像边缘信息的可视性（Belkin et al.，2009），同时考虑了不同位置邻域像元对边缘提取结果影响及影响程度的差异，并在一定程度上抑制了噪声对锋面提取结果的干扰，但 Sobel 算法无法获取宽度为单像元大小的锋面中心线。

7.3.3 Canny 算法

Canny 算法是目前在锋面信息提取研究中应用最广泛边缘检测算法之一。Canny 算法的基本步骤包括：图像高斯滤波处理、图像梯度幅值计算、梯度非极大值抑制和双阈值检测。

1. 高斯滤波

Canny 算法中，高斯滤波的目的是去除图像噪声以减少图像噪声对锋面提取结果的影响。

2. 图像梯度幅值计算

Canny 算法中通过模子 $\begin{bmatrix} -1 & -1 \\ 1 & 1 \end{bmatrix}$ 和 $\begin{bmatrix} 1 & -1 \\ 1 & -1 \end{bmatrix}$ 对图像进行卷积运算以

求得图像全局梯度幅值。

3. 梯度非极大值抑制

梯度非极大值抑制过程可以去除部分伪边缘信息，其基本步骤是：将像元的全局梯度角离散化至圆周的四个扇区之一，并对应至以目标像元为中心的3×3窗口中（图7－2），四个扇区的四个不同标号对应3×3邻域的四种连线过中心像元的像元组合。若目标像元梯度值大于梯度方向上其余两个邻域像元的梯度值，则保留该目标像元，否则将该目标像元剔除，即设置为背景像元（Canny，1986；张伟等，2014）。

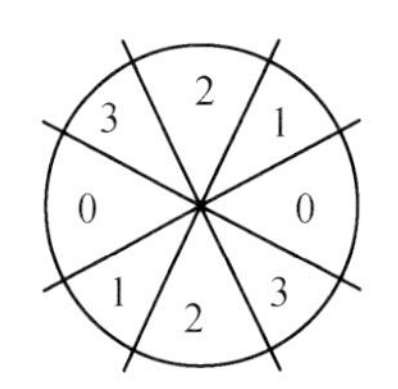

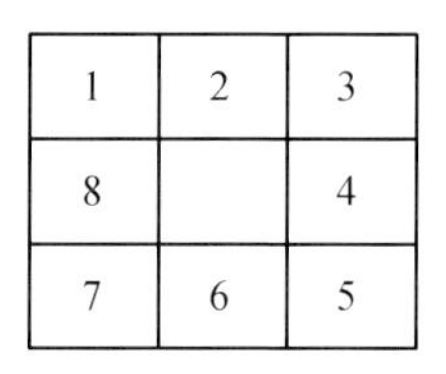

1	2	3
8		4
7	6	5

图7－2 非极大值抑制梯度方向划分

4. 双阈值检测

Canny算法的双阈值检测过程通过设置高、低阈值来实现目标像元的检测和连接，该过程能进一步去除伪边缘，并在有效降低噪声干扰的同时保证锋面的连续性。双阈值检测的基本思想是：通过高、低阈值对非极大值抑制后的图像进行二值化处理，可得到I_1、I_2两幅图像，对于通过高阈值得到的图像I_1，其在去除大量伪边缘信息的同时，也损失了大量有用边缘信息，即边缘信息是间断的。对于通过低阈值得到的图像I_2，则包含较多的边缘信息（包括伪边缘信息）。因此，可以以图像I_1为基础，利用图像I_2对间断的边缘信息进行连接。双阈值检测的基本步骤是：跟踪图像I_1中检测到的边缘线直至该边缘线终点$P(x, y)$，找到图像I_2中与图I_1点$P(x, y)$对应位置的点$Q(x, y)$并搜索其8邻域像元，若其8邻域像元中有前景像元存在，则将其包括至图像I_1中，作为新的边缘线终点，并重复以上边缘连接步骤直到搜索不到图像I_2中可用作边缘连接的像元为止。

Canny算法可获取海洋锋面的中心线，有利于获取锋面的位置信息。此外，Canny算法能更有效地抑制图像噪声对锋面提取结果的影响，锋面提取结果有更好的连续性和更高的精度。

7.3.4 基于图像分割的海洋锋面提取算法

梯度法提取锋面时需要设置合理的阈值，阈值的设置需要对研究区域有足够的先验知识，且锋面提取结果受阈值的影响很大。而传统的边缘检测算法通常是针对固体边缘(强边缘)的提取来设计的,在直接用于提取属于弱边缘信息的锋面时则会导致一些较弱的锋面信息被忽略,使得锋面提取结果出现较多的破碎锋,连续性降低。针对梯度法和传统边缘检测算法在锋面提取时的局限性和不足,本章采用基于图像分割的锋面提取算法对南海 SST 锋进行提取。基于图像分割的海洋锋面提取算法以锋面为不同的水团或水系间的分界面以及锋区水文要素水平梯度较高两大基本原理为理论基础,先利用图像分割的方法获取研究区域不同性质的“水团”并得到“水团”边界,再根据梯度大小进一步从水团边界中筛选锋面像元来完成海洋锋面的提取。SST 遥感影像经图像分割处理后边缘信息得到极大程度的加强,与梯度法和传统边缘检测算法相比,基于图像分割的锋面提取算法可获取宽度为单像元大小的平滑锋面中心线,锋面提取结果精确性和连续性更高。

基于图像分割的海洋锋面提取算法的主要步骤包括:中值滤波、图像分割、边界提取及细化、梯度计算及锋面像元筛选(图 7 - 3)。

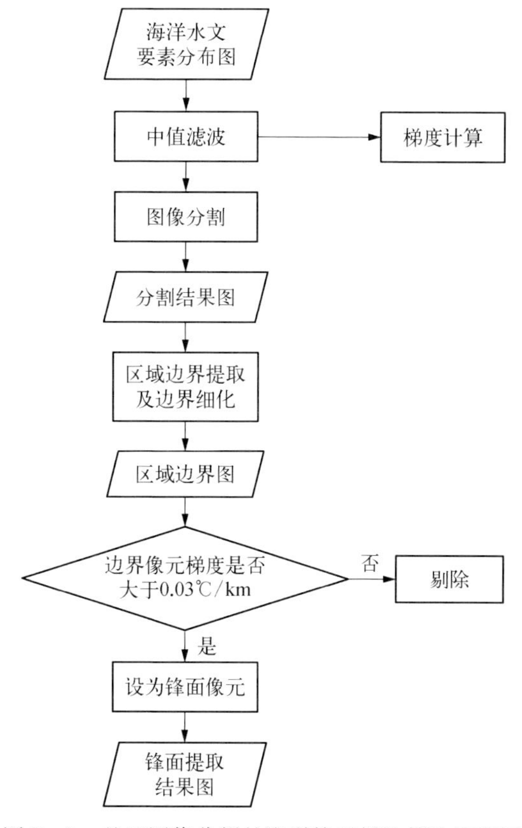

图 7 - 3　基于图像分割的海洋锋面提取算法流程图

1. 中值滤波

为去除图像噪声对锋面提取的影响并保护边缘信息,基于图像分割的锋面提取方法选择中值滤波来对原始图像进行滤波处理,即用 3×3 窗口内像元值中位数代替窗口内中心像元的像元值。

2. 图像分割

基于图像分割的锋面提取算法通过区域生长算法(图 7-4)将图像分割成若干相互独立的连通域,即不同性质的“水团”。图像经分割后边缘信息得到加强,分割得到的水团边界连续平滑,从而解决了梯度法及传统边缘检测算法因图像弱边缘特征而使锋面提取结果连续性下降的问题。区域生长算法首先选择合适的种子像元,再按照一定的生长顺序,通过合适的生长准则逐层将性质相似的像元归并到生长区域中,最终实现图像分割的目的。基于图像分割的锋

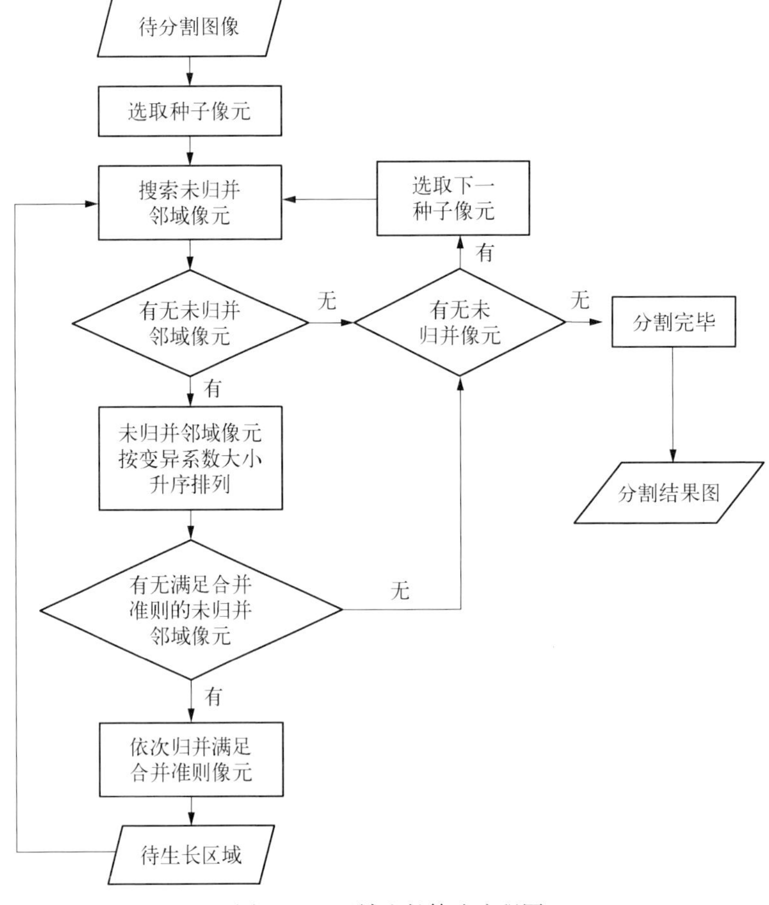

图 7-4　区域生长算法流程图

面提取算法采用的生长准则是：将种子像元或正在生长的区域（待生长区域）内的所有像元与其未被归并的邻域像元放入数组 A，若该数组的变异系数小于分割阈值，则将该邻域像元归并入该待生长区域中，并生成新的待生长区域对下一邻域像元进行判断。基于图像分割的锋面提取算法采用的生长顺序是：分别将待生长区域外侧一层未被归并的邻域像元 P_i（$i=0\sim n$，n 为未被归并的邻域像元个数）与待生长区域内所有像元组成数组 A_i，并分别计算数组 A_i 的变异系数 CV_i，邻域像元 P_i 根据 CV_i 大小升序排列并一次通过生长准则进行判断。变异系数 CV 的计算方法为

$$\mathrm{CV}=\frac{S^2}{\overline{X}} \tag{7.4}$$

式中，S^2 为数组的标准偏差；$\overline{X}$ 为数组的平均值。直到找不到满足生长准则的邻域像元，该区域生长完毕，并寻找下一种子像元对新的区域进行逐层生长。当图像内找不到未被归并的像元时，图像分割完毕，得到若干相互独立的连通域，连通域值用连通域内像元值的均值表示（图 7－5）。本章选用研究区域内西北角第一个像元作为第一个种子像元，分割阈值设为 $1.9\mathrm{CV}_t$，CV_t 为研究区域 SST 数据的总变异系数。

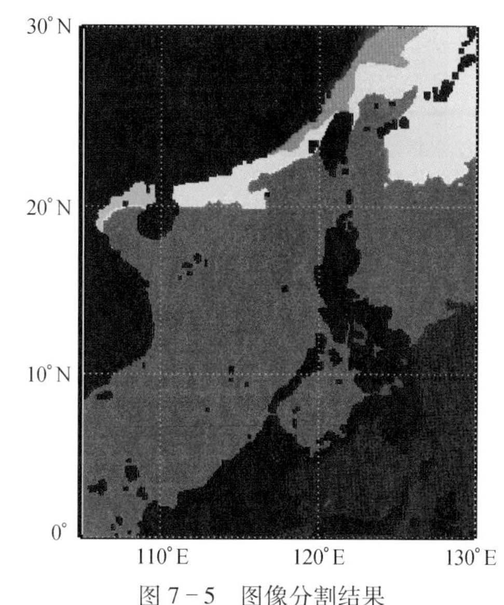

图 7－5　图像分割结果

3. 边界提取及细化

对研究区 SST 遥感影像进行图像分割处理后，可获取每个连通域的外边界，此时边界宽度为两个像元。利用 Zhang－Sue 法对连通域边界进行细化（Zhang et al.，1984），得到宽度为单像元大小的连通域边界（图 7－6）。Zhang－Suen 法的原理为：在二值图像中，假设待检测前景像元为 P_1，则其 8 邻域像元可表示成：

P_9	P_2	P_3
P_8	P_1	P_4
P_7	P_6	P_5

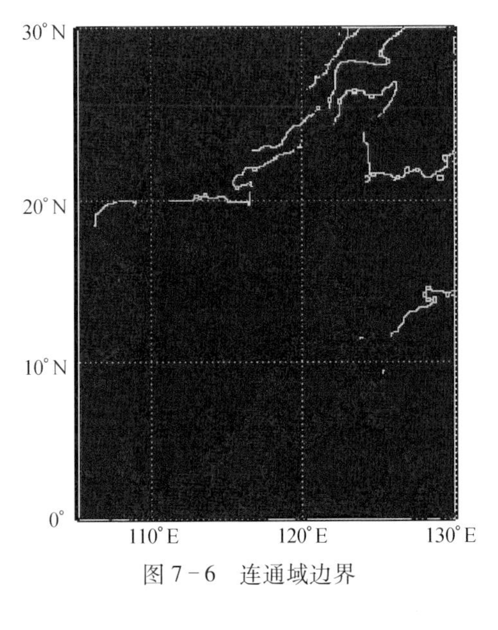

图 7－6　连通域边界

若 P_1 满足以下四个条件：

（1）$2 \leqslant N(P_1) \leqslant 6$；

（2）$S(P_1)=1$；

（3）$P_2 \times P_4 \times P_6 = 0$；

（4）$P_4 \times P_6 \times P_8 = 0$。

或

（1）$2 \leqslant N(P_1) \leqslant 6$；

（2）$S(P_1)=1$；

（3）$P_2 \times P_4 \times P_8 = 0$；

（4）$P_2 \times P_6 \times P_8 = 0$。

则可将 P_1 标记为背景像元；其中，$N(P_1)$为 P_1 的 8 个邻域像元中为前景像元的个数；$S(P_1)$为以 P_2 为起点逆时针方向一周 P_1 邻域像元值为 0~1 变化的次数。

4. 梯度计算及锋面像元筛选

图像分割后得到的连通域边界是闭合的或与研究区外边界相连的曲线，因此，连通域边界不完全等同于锋面。根据锋面处呈现高 SST 梯度的性质，基于图像分割的锋面提取算法通过梯度阈值从边界像元中筛选具有较高 SST 梯度的像元作为最终的锋面像元以完成研究区域锋面的提取。本章将梯度阈值设为 0.03℃/km，梯度的计算公式为

$$\text{Grad} = \sqrt{{D_x}^2 + {D_y}^2} \tag{7.5}$$

$$D_x = [T(i,j+1) - T(i,j-1)]/2\Delta X \tag{7.6}$$

$$D_x = [T(i+1,j) - T(i-1,j)]/2\Delta Y \tag{7.7}$$

式中，Grad 为像元梯度；D_x、D_y 分别为像元东西方向、南北方向上的梯度；i、j 分别为像元在图像矩阵中的行、列号；ΔX、ΔY 分别为沿纬线、经线方向上的像元大小，即图像空间分辨率。

7.3.5　锋面提取方法对比分析

基于图像分割的海洋锋面提取方法首先通过中值滤波去除部分图像噪声，图像分割后噪声信息被其所在的独立区域内的非噪声信息掩盖，因此基于图像分割的海洋锋面提取方法锋面提取结果受噪声影响较小。与本方法相比，Canny 算法

需要同时设定高、低两个阈值,同时设定双阈值组合的方式无法分别确定高、低阈值的选取对锋面提取结果的影响,从而加大了阈值调整的难度。而基于图像分割的锋面提取方法中所需要设定的两个阈值分先后设置,第一个阈值为图像分割时需要的变异系数阈值,图像分割完成后可得到分割后的图像,因此可以根据图像分割的结果对阈值进行调整直到得到合适的图像分割结果。同样,基于图像分割的锋面提取方法中的第二个阈值梯度阈值也可根据得到的梯度二值化图像进行调整。因此,基于图像分割的锋面提取方法阈值调整更为方便。

与传统边缘检测算法(Sobel 算法和 Canny 算法)的锋面提取结果相比(图 7－7),基于图像分割的海洋锋面提取方法能获取宽度为单像元大小的锋面中心线,从而为锋面信息的矢量化以及锋面信息的管理提供方便,且基于图像分割的海洋锋面提取方法破碎锋更少。锋面提取结果在精度、连续性上更占优势,同时提取到的锋面中心线更平滑。此外,基于图像分割的海洋锋面提取方法提取得到的海洋锋面空间分布与以往学者的研究相一致,以冬季为例,基于图像分割的海洋锋面提取方法与以往研究提取到的锋面均集中分布在南海北部及东北部海域。

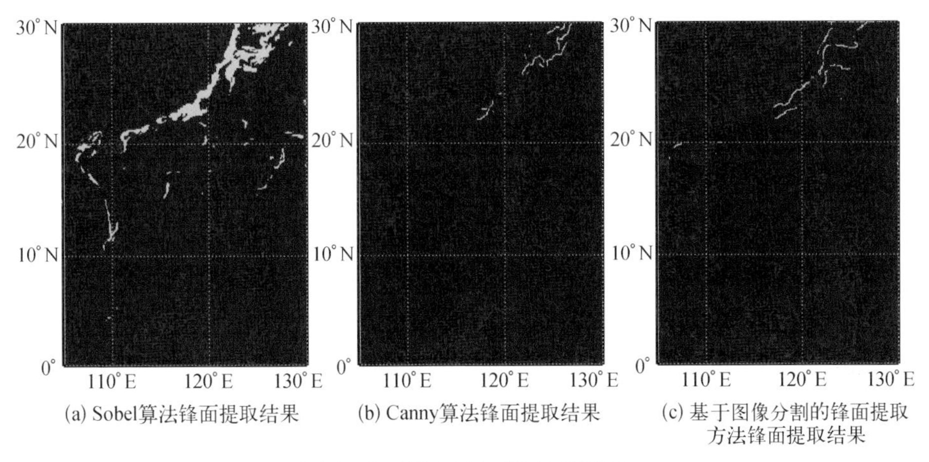

(a) Sobel算法锋面提取结果　(b) Canny算法锋面提取结果　(c) 基于图像分割的锋面提取方法锋面提取结果

图 7－7　不同方法锋面提取结果

7.4　基于海表温度数据的南海中尺度锋提取结果分析

7.4.1　提取结果

本章以周平均 SST 数据为基础,对中国南海 2014 年每周的锋面信息进行了提取,得到研究区域 SST 锋的时空分布情况(图 7－8),并对研究区域 SST 锋面总长度(图 7－9)、平均强度(图 7－10)及总强度(图 7－11)的周变化情况进行了统计分析,其中锋面强度用锋面像元 SST 梯度值表示。

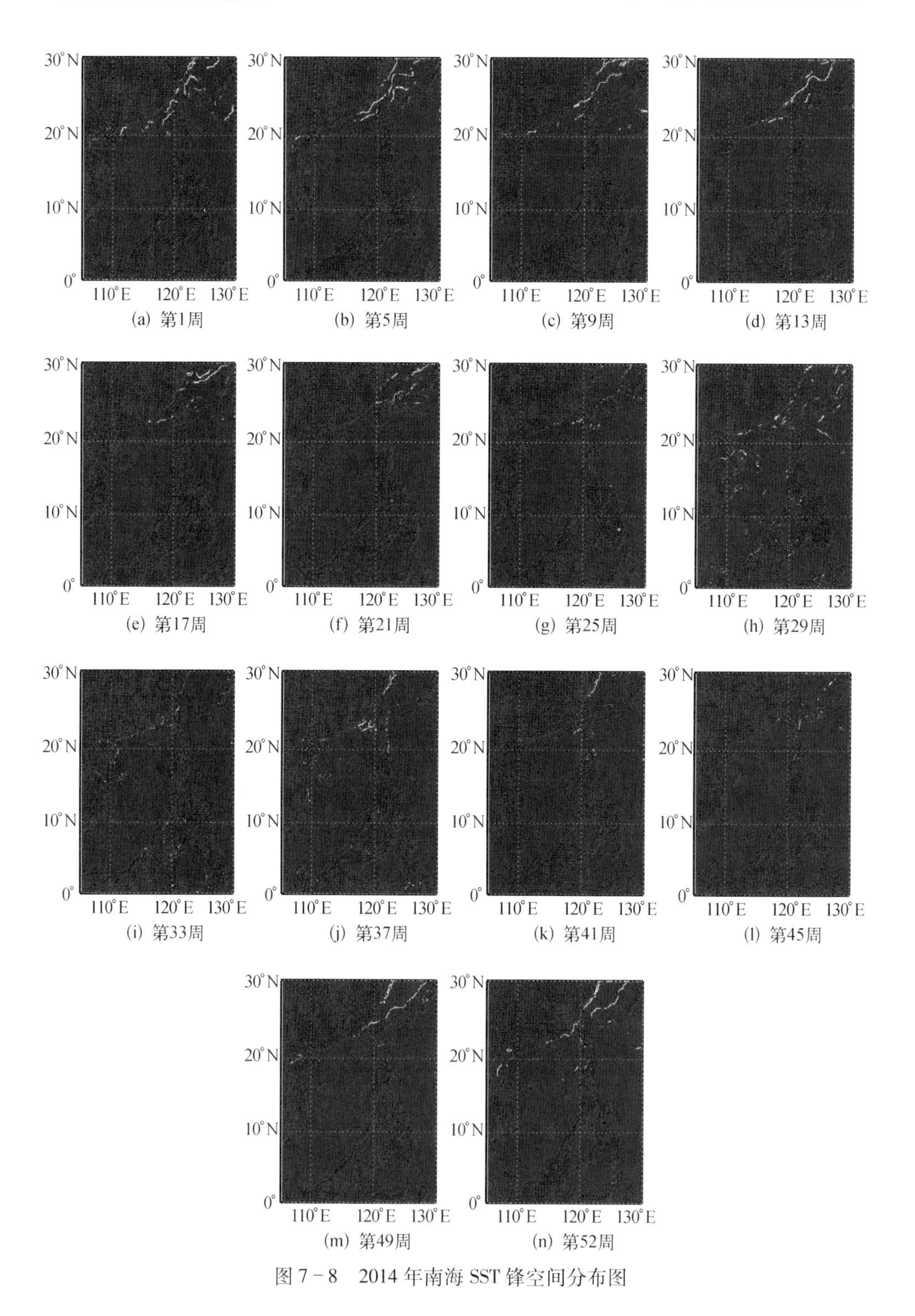

图 7－8　2014 年南海 SST 锋空间分布图

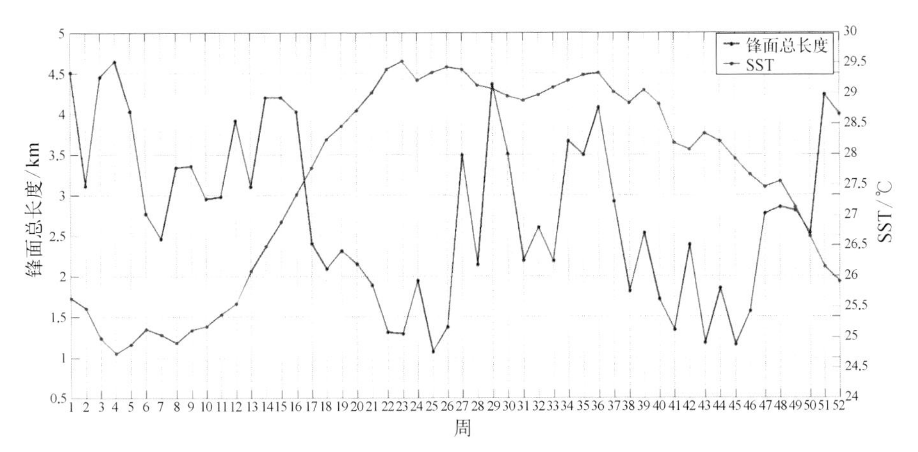

图7-9　2014年南海SST锋面总长度周变化图

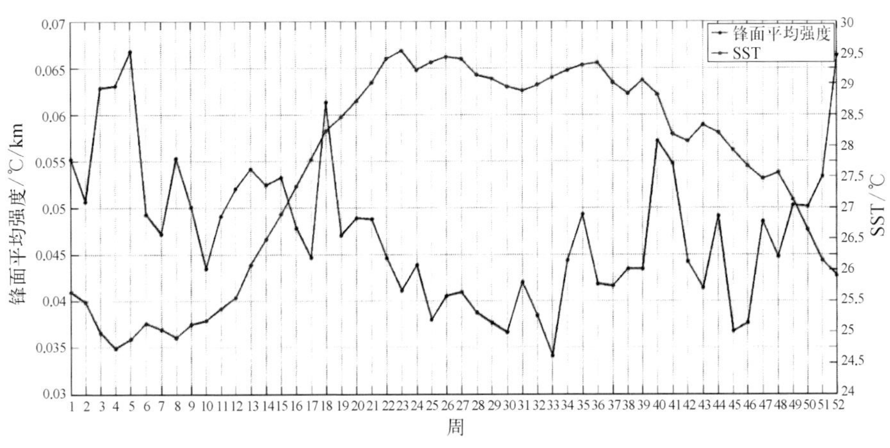

图7-10　2014年南海SST锋面平均强度周变化图

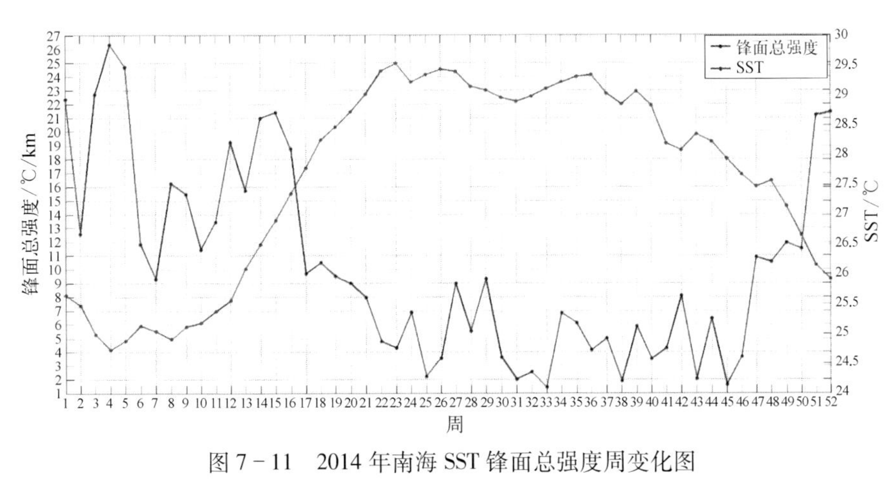

图7-11　2014年南海SST锋面总强度周变化图

7.4.2 南海中尺度锋时空分布特征分析

锋面变化统计结果(图7－9~图7－11)表明,南海海域SST锋面总长度及强度均呈现明显的周变化。此外,南海常年有SST锋存在,且四季锋面总长度均可达到较高值,总长度持续的高值出现在冬季,持续的低值则出现在春末夏初和秋季中期。锋面总长度在第4周达到最高值($4.644\ 0\times10^3$ km),即在进入春季,SST开始持续上升之前,最低值($1.071\ 0\times10^3$ km)则在第25周,即进入夏季,SST维持在较高值后。锋面平均强度最大值在第5周,为0.066 8℃/km,最小值在第33周,为0.034 1℃/km;锋面平均强度冬季高夏季低,分别对应SST的持续低、高温,锋面平均强度在春秋两季波动较大,对应SST持续升高或降低的时间段。结合图7－7可知,夏季出现的短暂的SST锋总长度高值主要来自夏季南海中西部出现的短暂的破碎锋。与锋面平均强度一样,锋面总强度最大值(26.315 8℃/km)和最小值(1.431 1℃/ km)也分别出现在第5周和第33周。锋面总强度在冬季和早春有较高值,冬季结束后,SST呈波动上升趋势,锋面总强度则迅速下降,进入春季后,SST持续稳定上升,锋面总强度随之波动升高。锋面总强度在春季后期急剧下降,并在夏季和秋季保持较低值,在秋季迅速回升。

锋面提取结果表明(图7－8),南海海域SST锋主要分布于南海北部及东北部海域,且冬季锋面信息强于夏季。其中,浙江省南部沿岸、福建省沿岸、台湾海峡及其附近海域常年有海表温度锋存在。进入夏季前,南海海域SST锋沿中国大陆海岸线向东北方向移动,中国大陆南部沿岸及北部湾海域的SST锋逐渐消失,南海东北部的SST锋逐渐破裂。夏季南海北部及东北部的SST锋被最大限度地削弱,同时由于夏季南海南部暖水团发育并向西北方向扩张,南海中西部海域及海南岛西南沿岸出现长度较短、持续时间较短的破碎锋。进入秋季后,浙江省南部沿岸、福建省沿岸的SST锋重新形成,台湾海峡及其附近海域的海表温度锋也开始发育变长。冬季,南海东北部的SST锋重新连接成连续的锋面,北部湾海域的SST锋也重新出现。

参考文献

丁亮,张永平,张雪英,2010. 图像分割方法及性能评价综述. 软件,31(12):78－83.

高浩军,杜宇人,2004. 中值滤波在图像处理中的应用. 信息化研究,30(8):35－36.

韩思奇,王蕾,2002. 图像分割的阈值法综述. 系统工程与电子技术,24(6):91－94,102.

黎安舟,周为峰,范秀梅,2017. 遥感图像中尺度海洋锋及涡旋提取方法研究进展. 中国图象图形学报,22(6):709－718.

刘传玉,2009. 中国东部近海温度锋面的分布特征和变化规律. 北京:中国科学院研究生院(海洋研究所).

刘松涛，殷福亮，2012. 基于图割的图像分割方法及其新进展. 自动化学报，38(6)：911－922.
刘泽，2012. 中国近海锋面时空特征研究及现场观测分析. 北京：中国科学院研究生院（海洋研究所）.
许新征，丁世飞，史忠植，等，2010. 图像分割的新理论和新方法. 电子学报，38(21)：76－82.
张伟，曹洋，罗玉，2014. 一种基于 Canny 和数学形态学的海洋锋检测方法. 海洋通报(2)：199－203.
赵宝宏，刘宇迪，赵加华，等，2011. 南海海洋锋季节分布特征初探. 厦门：第 28 届中国气象学会年会.
朱凤芹，谢玲玲，成印河，2013. 南海温度锋的分布特征及季节变化. 海洋与湖沼，45(4)：698－702.
Adams R, Bischof L, 2002. Seeded region growing. IEEE Transactions on Pattern Analysis & Machine Intelligence, 16(6): 641－647.
Belkin I M, O'Reilly J E, 2009. An algorithm for oceanic front detection in chlorophyll and SST satellite imagery. Journal of Marine Systems, 78(3): 319－326.
Bost C A, Cotté C, Bailleul F, et al., 2009. The importance of oceanographic fronts to marine birds and mammals of the southern oceans. Journal of Marine Systems, 78(3): 363－376.
Canny J, 1986. A computational approach to edge detection. IEEE Transactions on Pattern Analysis and Machine Intelligence, 8(6): 679－698.
Legeckis R, 1978. A survey of worldwide sea surface temperature fronts detected by environmentalsatellites. Journal of Geophysical Research Oceans, 83(C9): 4501－4522.
Liu Z, Hou Y J, 2012. Kuroshio front in the east China sea from satellite SST and remote sensing data. IEEE Geoscience & Remote Sensing Letters, 9(3): 517－520.
Nieblas A E, Demarcq H, Drushka K, et al., 2014. Front variability and surface ocean features of the presumed southern bluefin tuna spawning grounds in the tropical southeast Indian Ocean. Deep Sea Research Part II Topical Studies in Oceanography, 107: 64－76.
Wang F, Liu C Y, 2009. An N-shape thermal front in the western South Yellow Sea in winter. Chinese Journal of Oceanology and Limnology, 27(4): 898－906.
Yoon H J, Byun H K, Park K S, 2005. Temporal and spatial variations of SST and ocean fronts in the Korean Seas by empirical orthogonal function analysis. Journal of International Economic Law, 8(2): 299－309.
Zhang T Y, Suen C Y, 1984. A fast parallel algorithm for thinning digital patterns. Communications of the Acm, 27(3): 236－239.

第8章　基于 MSLA 数据的南海中尺度涡旋信息提取与分析

中尺度涡旋是重要的海洋现象之一，同时也是海洋中物质输送及能量传递的重要承担者，是影响海洋水文变化的重要因子之一(黎安舟等，2017；崔凤娟，2015；陈敏，2002)。此外，中尺度涡旋通常伴随有局地升降流，如冷涡伴随的上升流能将下层海水的营养物质携带至上层海域，从而使海洋的 NPP 得到提高，并影响海洋中渔场的分布。

8.1　数据来源

本章采用网站 http://marine.copernicus.eu/提供的 L4 级海平面高度异常(sea level anomaly, SLA)数据对南海海域涡旋信息进行提取。该数据空间分辨率为 0.25°×0.25°，时间分辨率为 1 天。该数据由多个高度计测得的海表面高度数据融合并减去 20 年(1993~2002 年)平均海平面高度得到，高度计包括 Jason - 3、Sentinel - 3A、HY - 2A、Saral/AltiKa、Cryosat - 2、Jason - 2、Jason - 1、T/P、ENVISAT、GFO、ERS1/2。多种卫星资料融合能有效减少 SLA 数据的映射误差，同时能有效提高 SLA 数据的时间分辨率及空间分辨率(董昌明，2015)。本章所用数据不仅能提供研究区域的 SLA 信息，还能提供研究区域地转流信息，以用于 W 值的计算。

8.2　中尺度涡旋在 SLA 数据上的特征

涡旋在 SLA 影像上特征明显，往往表现为边界为闭合曲线的连通域，涡旋内部 SLA 值明显高于(或低于)周围海域(图 8 - 1)。中尺度涡旋空间尺度通常在 50~500 km(王桂华，2004)，涡旋中心往往对应 SLA 影像上的局部极大值(极小值)点，其中冷涡伴随局地海水辐聚，冷涡中心对应 SLA 影像上的局部极小值，暖涡伴随局地海水辐散，暖涡对应 SLA 影像上的局部极大值，涡旋边界往往与 SLA 等值线平行甚至重合。

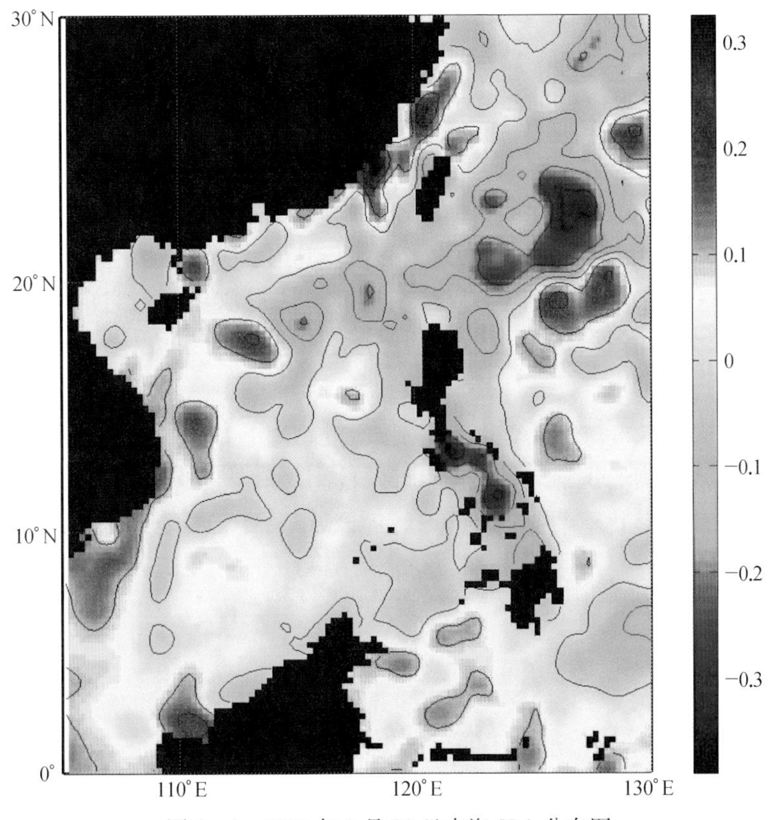

图 8－1　2014 年 2 月 28 日南海 SLA 分布图

8.3　基于 MSLA 数据的中尺度涡旋信息提取方法

8.3.1　OW 法

OW 法是经典的被广泛应用的基于海面高度异常数据的涡旋识别算法（Hu et al.，2011；Nan et al.，2011）。OW 法引用一个 W 值，用于描述某一时刻流体的运动状态和主要运动形式（形变或旋转），进而对研究区域中尺度涡旋进行识别。W 值由 Okubo 和 Weiss 提出，是用于衡量二维湍流场中流体形变与旋转的相关重要程度的物理量（崔凤娟，2015）。W 值计算公式为

$$W = S_n^2 + S_s^2 - \omega^2 \tag{8.1}$$

式中，$S_n = \frac{\partial u}{\partial x} - \frac{\partial v}{\partial y}$，为与线度变化（容变）相关的速度变形量，即流体元的膨

胀或收缩,S_n^2 则代表拉伸形变; $S_s = \frac{\partial v}{\partial x} + \frac{\partial u}{\partial y}$,为与畸变相关的速度变形量,$S_s^2$ 则代表剪切形变; $\omega = \frac{\partial v}{\partial x} - \frac{\partial u}{\partial y}$,为相对涡度的垂直分量;表征流体水平旋转;$S_n^2 + S_s^2$ 为平方变形率,代表流体元的综合形变程度;ω^2 为涡度拟能,代表流体元的旋转程度。W 值能有效表示流体的运动状态及运动形式,当 $W>0$ 时,$S_n^2 + S_s^2 > \omega^2$,流体运动以形变为主;当 $W<0$ 时,$S_n^2 + S_s^2 < \omega^2$,流体运动以旋转为主,即以涡旋的形式存在。以往利用 OW 法提取涡旋信息的研究中通常以 $0.2\sigma_w$ 作为阈值进行涡旋核心区域的提取, σ_w 为研究区域 W 值的标准偏差。

OW 法从流体的物理运动状态出发,通过物理参数判断流体运动是否以旋转为主来实现涡旋的识别。OW 法能有效检测涡旋核心区,尤其当研究区域地转流场流线几何形状不清晰时(燕丹晨等,2015),OW 法能更好地对涡旋进行识别。

8.3.2 WA 法

WA 法是一种以瞬时地转流场流线几何形状为主要依据的涡旋自动识别算法,同时也是经典的被广泛应用的涡旋提取算法之一(Chen et al., 2011, 2012; Chu et al., 2014)。WA 法将涡旋结构划分为三大部分:涡旋中心、涡旋边界以及被涡旋边界包围的涡旋内部。WA 法的主要步骤包括:涡旋中心提取、流线计算、流线筛选、流线聚类以及涡旋边界提取。

1. 涡旋中心提取

WA 法中,需要设置合适大小的搜索窗口,并将该窗口内的局部极小值(或极大值)设为可能的暖涡(或冷涡)的涡旋中心。根据中尺度涡旋的空间尺度范围,在一定距离内(如 0.5°),若存在与该涡旋中心同性(同为局部极小/极大值)的涡旋中心,则将这些涡旋中心合并,以降低涡旋误判率。

2. 流线计算

WA 法中,地转流场流线的计算公式为

$$U' = -\frac{g}{f}\frac{\partial(\mathrm{SLA})}{\partial y} \tag{8.2}$$

$$V' = \frac{g}{f}\frac{\partial(\mathrm{SLA})}{\partial x} \tag{8.3}$$

式中，U' 、V' 为地转速度异常分量；f 为科氏参数；g 为重力加速度。

3. 流线筛选

WA 法中需要挑选闭合流线用于流线聚类以及涡旋边界的提取。闭合流线是通过 Winding_Angle 准则判断得到的。Winding_Angle 准则的基本思想是：由 SLA 遥感数据计算得到的流线可视为是有限的流线段连接而成的，组成该流线的所有流线段方向改变的累积和称为 Winding_Angle。Winding_Angle 的计算方法为：对于某一条流线 S_i，可视为该流线是由 N 个节点 $P_{i,j}$ 以及 $N-1$ 条流线段($P_{i,j}$, $P_{i,j+1}$) 组成的（图 8－2），流线段($P_{i,j-1}$,$P_{i,j}$) 与流线段($P_{i,j}$, $P_{i,j+1}$)的夹角可表示为 $\angle(P_{i,j-1}, P_{i,j}, P_{i,j+1})$，其中，流线方向为顺时针变化时，夹角为正值，变化方向为逆时针时，夹角为负值。那么，流线 S_i 的 Winding_Angle(A_W)的计算公式为

$$A_W = \sum_{j=2}^{N-1} \angle(P_{i,j-1}, P_{i,j}, P_{i,j+1}) \tag{8.4}$$

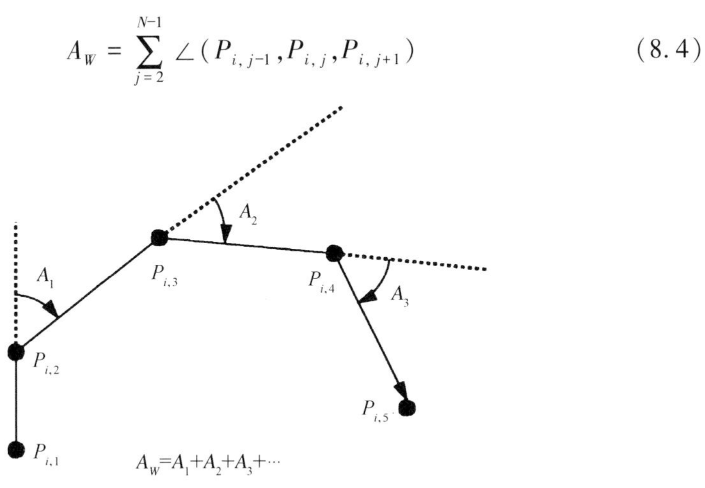

图 8－2　Winding_Angle(A_W)计算方法
(Sadarjoen and Post, 2000)

当 A_W 为±2π 时，则流线 S_i 是完全闭合的。然而实际研究中，流线往往不是完全闭合的，因此可以根据实际情况，适当调低 A_W 阈值（如 1.8π），当流线 A_W 值大于所设阈值且流线首位两个节点距离足够小时，则可认为该流线为闭合流线。

4. 流线聚类

流线聚类的目的是把所有属于同一个涡旋的闭合流线聚集起来。流线聚类实际上是对闭合流线几何中心进行聚类，因此首先需要计算闭合流线的几何中心 C_S：

$$C_S = \frac{\sum_{j=1}^{N} P_{i,j}}{N} \tag{8.5}$$

从第一条闭合流线的几何中心开始，若在设定好的距离阈值范围内存在其他闭合流线的几何中心，则将这些流线聚为一类，得到新的几何中心，并以新的几何中心对周围流线进行判断和聚类，直到没有可聚类的流线为止。若聚类后的流线包含了涡旋中心，则保留这些流线，否则将这些流线剔除。若某涡旋中心周围没有包围该涡旋中心的流线，则将该涡旋中心剔除。

5. 涡旋边界提取

Sadarjoen 和 Post 提出的 WA 法将涡旋的边界定义为一个椭圆，椭圆的轴长及方向由涡旋内流线几何中心的协方差决定。由于实际情况中涡旋的形状往往是不规则的而不一定是标准的椭圆，且原始的 WA 法涡旋边界的确定需要进行大量计算，后续许多研究中对 WA 法进行了改进，通常将归属于某涡旋内的所有闭合流线集合中最外圈的流线(即包含面积最大的流线)作为该涡旋的边界(燕丹晨等，2015)。

WA 法根据地转场流线几何形状对涡旋进行识别，突破了通过物理参数对涡旋进行识别的思想。WA 能有效地识别涡旋边界，涡旋提取具有很高的正确性和稳定性，尤其在对弱涡旋和形状不规则的涡旋进行识别时，WA 法更占优势(燕丹晨等，2015)。

8.3.3 SSH - based 法

海洋中的涡旋往往对应 SSH 或 SLA 的局部低值或高值区，而涡旋内部通常包含一系列闭合 SSH 或 SLA 等值线，此外，地转流场的流线往往和 SLA 等值线平行甚至重合，因此，Chelton 等(2011)设计了直接利用 SSH 数据进行中尺度涡旋识别的方法，即 SSH - based 法，从而大大降低了 WA 法流线计算以及流线聚类过程中产生的计算成本。Chelton 等认为，中尺度涡旋必须满足以下条件：

(1) 对于冷(暖)涡，涡旋内所有像元均应低(高)于某一海面高度值。

(2) 一个涡旋内至少包含 8 个像元，最多包含 1 000 个像元。

(3) 对于冷(暖)涡，涡旋内至少包含一个海面高度局部极小(大)值。

(4) 涡旋振幅大于或等于 1 cm。

(5) 涡旋内任意两点间距离小于某一阈值。

根据以上 Chelton 等对涡旋的定义,SSH - based 法的基本步骤为：对于冷涡,从-100 cm 起,以 1 cm 的增幅搜索闭合等值线,搜索到的闭合等值线中,包含了局部极小值,闭合等值线内包含的像元个数在 8~1 000 之间的最外圈等值线则为冷涡的边界。相反,对于暖涡,则从+100 cm 起,以 1 cm 为间隔向海面高度低值方向搜索符合以上条件的闭合等值线作为暖涡的边界。

SSH - based 法不需要计算地转流场流线,大大减少了计算量,同时也避免了流线计算过程中多次微分产生的噪声干扰。与 WA 法相比,SSH - based 法在涡旋识别效率方面有明显优势。此外,SSH - based 法识别涡旋过程中不需要设置阈值,因此可以避免阈值选取对涡旋识别结果带来的影响。

8.3.4　HD 法

OW 法能有效对涡旋核心区进行识别,但无法获取涡旋边界信息,且 OW 法涡旋识别效果受 W 值阈值选取的影响较大,容易出现过度检测的情况。WA 法能有效获取涡旋边界,涡旋识别结果有很好的准确率及稳定性,但 WA 法需要进行大量计算,涡旋识别效率相对较低。SSH - based 法计算量小,涡旋识别效率高,且能有效获取涡旋边界信息,但 SSH - based 法无法识别多中心结构涡旋。

本章采用 HD 法对南海海域涡旋信息进行提取。HD 法由 Yi 等(2014)提出并用于南海涡旋的提取,提取结果的成功检测率为 96.6%,过检率为 14.2%,涡旋提取综合效果优于 OW 法及利用 SLA 极值进行涡旋检测的方法。HD 法是 OW 法与 SSH - based 法的融合,该方法先通过 OW 法中提取到的 W 值对流体运动状态进行判断并获取涡旋核心区,再结合 SSH - based 法,通过 SLA 闭合等值线确定涡旋边界。HD 法综合了 OW 法与 SSH - based 法的优点,能更准确地对涡旋核心区进行提取,同时更能有效地确定涡旋中心位置和涡旋边界。此外,HD 法同时能有效对中心结构涡旋进行识别。HD 法提取涡旋的基本步骤如下：

(1) 计算 SLA 图像的 W 值,并以 $0.2\sigma_w$ 为阈值提取涡旋核心区。

(2) 用大小为 3 × 3 的活动窗口检测 SLA 图像的局部极大值(极小值)。

(3) 将位于核心区域的极大值(极小值)点设为涡旋中心。

(4) 去除位于 100 m 以浅海域的涡旋中心。

(5) 以 0.5 cm 为间隔提取 SLA 等值线。

(6) 计算闭合 SLA 等值线直径并将不闭合的 SLA 等值线以及直径 D 大于

500 km 的闭合 SLA 等值线剔除[图 8－3(a)]。

(7) 将包围含有局部极值的核心区域的最内层闭合 SLA 等值线设为涡旋的有效边界[图 8－3(a)]。

(8) 搜索不到包含涡旋核心区的闭合 SLA 等值线,则选取与核心区域相交的最外圈闭合等值线设为涡旋的有效边界[图 8－3(b)]。

(9) 如果没有与核心区域相交的闭合 SLA 等值线,则选取涡旋核心区边界作为涡旋的有效边界[图 8－3(c)]。

(10) 多中心涡旋结构的检测及边界重建[图 8－3(d)]。

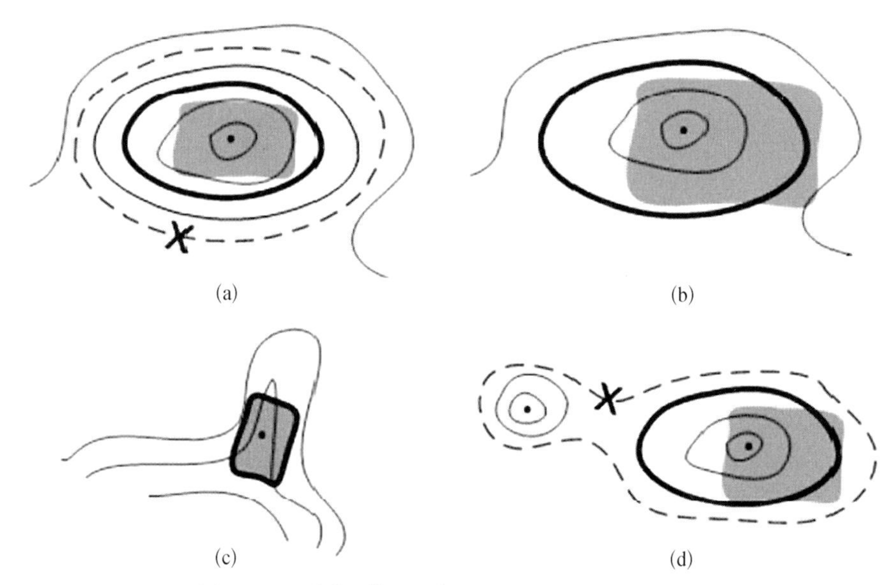

图 8－3　不同涡旋边界提取情况(Yi et al., 2014)

受潮汐、内波等因素的影响,在浅海海域 SLA 数据并不可靠,因此 HD 法中将位于 100 m 以浅海域的涡旋中心去除。由于中尺度涡旋空间尺度通常在 50~500 km,即涡旋边界直径通常小于 500 km,因此本章在涡旋提取过程中将直径大于 500 km 的闭合 SLA 等值线剔除,本章将闭合 SLA 等值线的直径 D 定义为与该闭合等值线等面积圆的直径,其计算公式为

$$D = 2 \times \sqrt{\frac{S}{\pi}} \tag{8.6}$$

式中,S 为闭合等值线内包含的像元的总面积。

多中心涡旋结构的检测和边界重建过程中,若某涡旋边界内包含多个涡旋中心，则将该边界设定为多中心涡旋结构边界，结构内涡旋中心为子涡旋中心，同时重新搜索结构内子涡旋的边界（图 8－4）：将只包含一个涡旋中心且包含该子涡旋中心对应的涡旋核心区的最内层闭合 SLA 等值线作为该子涡旋的边界，若无满足以上条件的闭合 SLA 等值线，则将仅包含该子涡旋中心的，与该子涡旋中心对应涡旋核心区相交的最外层闭合 SLA 等值线作为该子涡旋的边界，若仍无满足以上条件的闭合 SLA 等值线，则将该子涡旋中心对应的涡旋核心区边界作为该子涡旋的边界。

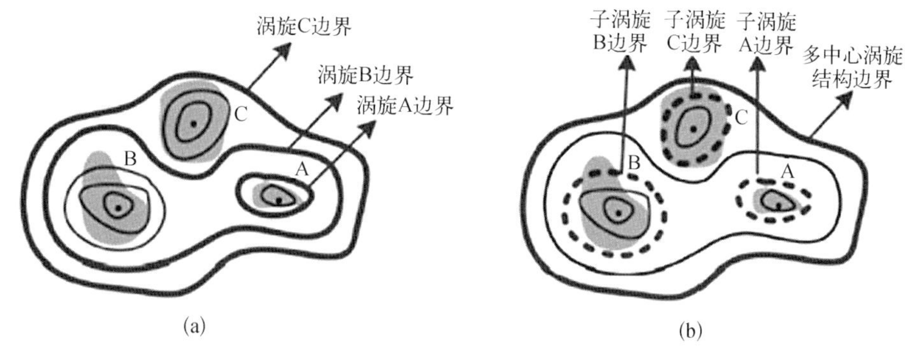

图 8－4　多中心涡旋结构检测及边界重建（Yi et al.，2014）

Yi 等（2014）提出的 HD 法在闭合等值线筛选过程中，只剔除了直径大于 500 km 的闭合等值线，导致涡旋提取结果出现若干面积过小的涡旋。然而，这些面积过小的涡旋很可能是图像噪声导致的，而非真正意义上的涡旋，同时这些面积过小的涡旋空间尺度不能满足中尺度涡旋在空间尺度上的要求。因此，本章对 HD 法进行了改进，将内部包含像元数少于 8 个的涡旋信息剔除。此外，若一个涡旋核心区内包含两个甚至更多涡旋中心，则只保留 SLA 绝对值最大的涡旋中心。

8.4　基于 MSLA 数据的南海中尺度涡旋提取结果分析

8.4.1　基于 MSLA 数据的南海中尺度涡旋提取结果

本章以周平均 SLA 数据为基础，利用改进后的 HD 法对 2014 年每周南海海域中尺度涡旋信息进行了提取，得到南海海域中尺度涡旋空间分布图（图 8－5）。同时，对南海海域每周中尺度涡旋总个数（图 8－6）、冷涡和暖涡个数（图 8－7）、中尺度涡旋总面积（图 8－8）、冷涡总面积和暖涡面积（图 8－9）变化进行统计，并分析其时间变化规律。其中，涡旋面积用涡旋内部包含的像元个数表示。

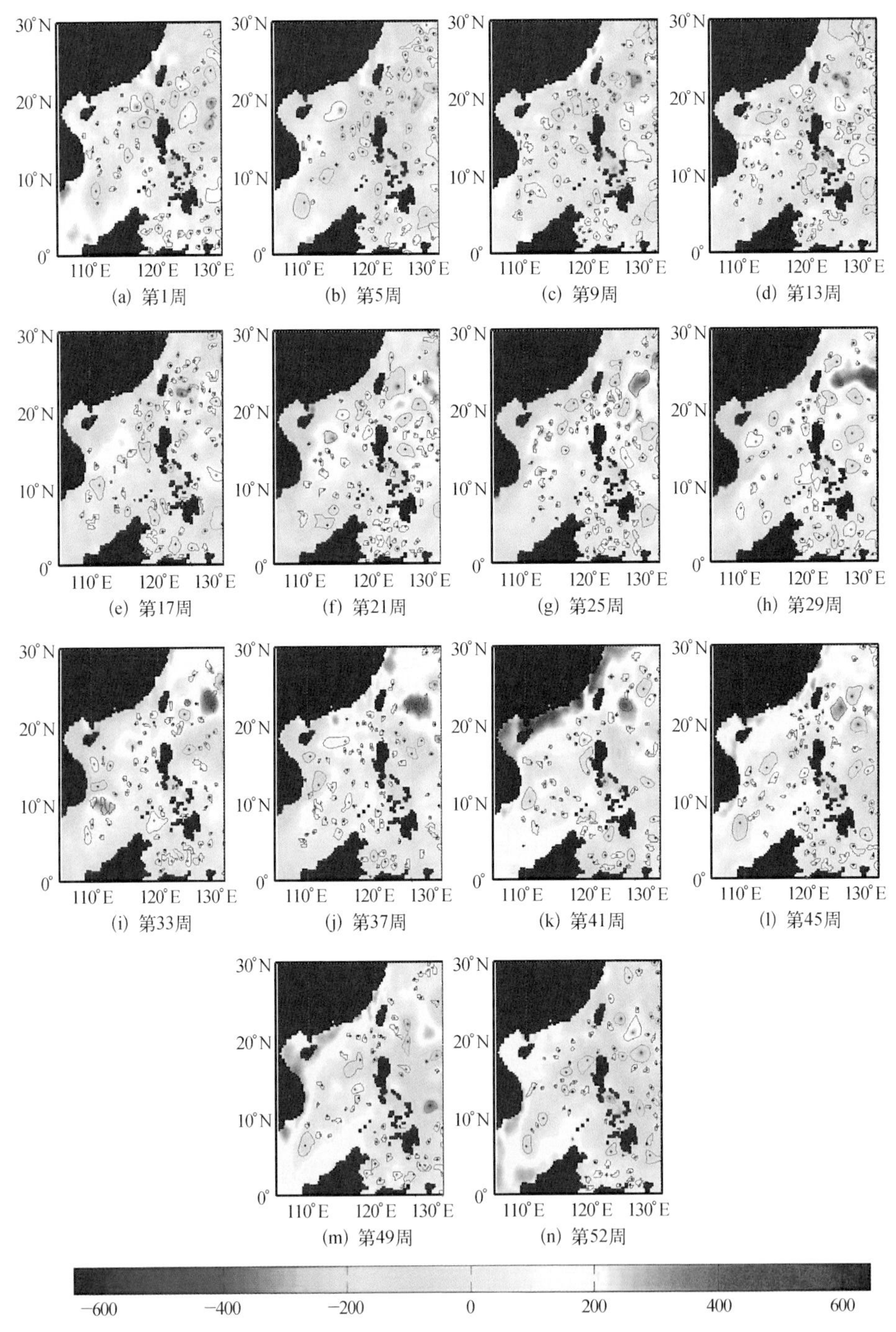

图 8-5　2014 年南海海域中尺度涡旋空间分布图

红点表示暖涡，黑点表示冷涡

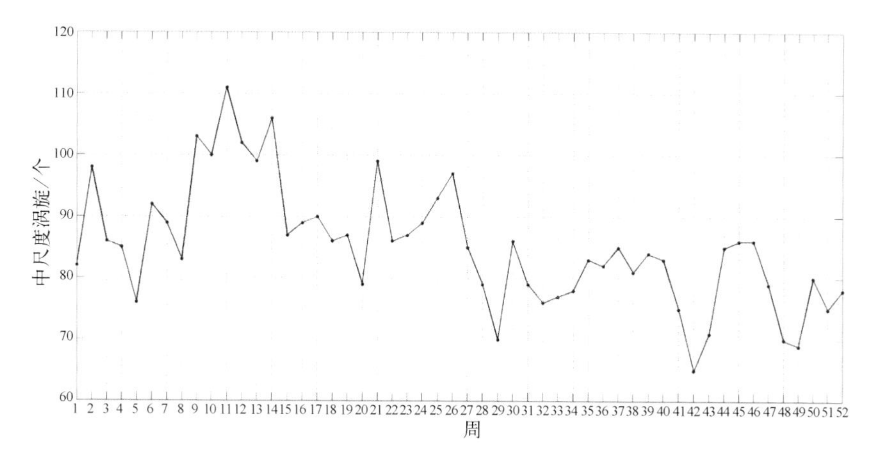

图 8-6　2014 年南海海域中尺度涡旋总个数周变化

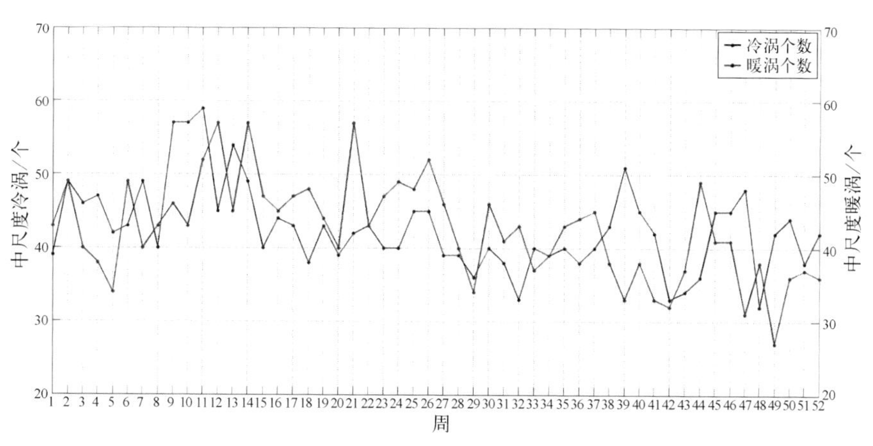

图 8-7　2014 年南海海域中尺度冷涡、暖涡个数周变化

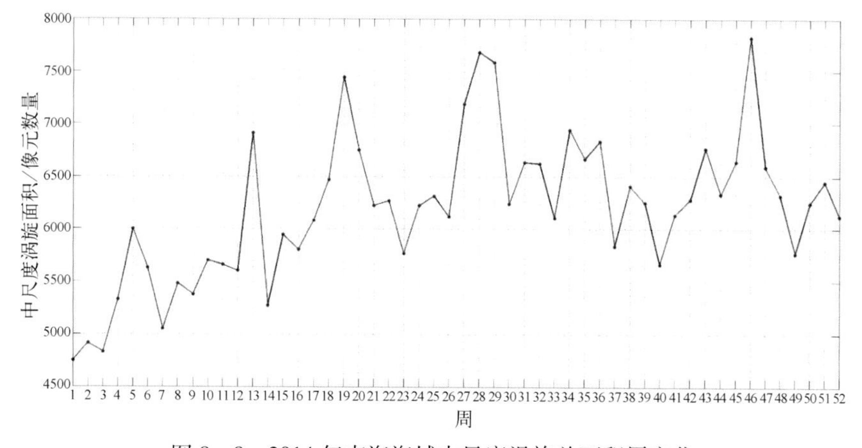

图 8-8　2014 年南海海域中尺度涡旋总面积周变化

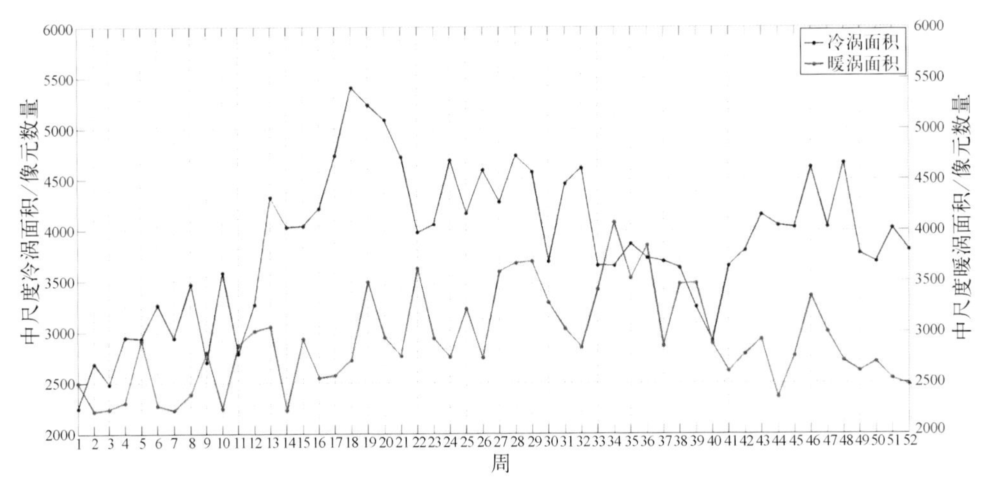

图 8-9　2014 年南海海域中尺度冷涡、暖涡面积周变化

8.4.2　南海中尺度涡旋时空分布特征分析

中尺度涡旋空间分布图(图 8-5)表明,南海海域常年有中尺度涡旋分布,总体上呈现东北—西南分布且分布广泛。其中,面积较大的中尺度涡旋主要分布在吕宋海峡两侧、吕宋岛东侧以及中南半岛东侧海域,小面积的涡旋主要分布于南海中部及加里曼丹岛东部,其中加里曼丹岛东部的苏拉威西海海域小面积涡旋分布密集。冬季,吕宋海峡两侧以及吕宋岛两侧海域有大量中尺度涡旋生成,涡旋类型以冷涡为主且面积较大,中南半岛南部及东南部也有面积较大的冷涡生成;暖涡则主要分布于台湾岛东部、吕宋岛东部、广东省南部、中南半岛东部及加里曼丹岛东部。冬季末期,吕宋岛东部及南海中部海盆的暖涡开始发育并向西移动。春季,台湾东部海域暖涡发育,吕宋海峡及其两侧海域、吕宋岛两侧以及南海中部海盆的暖涡逐渐占据主导地位并向西移动,加里曼丹岛东部的苏拉威西海海域有大量涡旋生成。夏季,暖涡主要位于中南半岛东南部及吕宋岛西部,台湾东部海域也有暖涡生成并向西移动,吕宋岛东部海域则有冷涡生成并向西偏南方向移动。秋季,中南半岛沿岸海域及菲律宾群岛东部海域有冷涡生成,暖涡则主要位于吕宋海峡及其附近海域。

中尺度涡旋时间变化统计图(图 8-6~图 8-9)表明,南海中尺度涡旋个数及面积均呈现明显的周变化,且变化的波动性明显。南海中尺度涡旋在个数上冬、春两季多,夏、秋两季少,其中,个数最高值出现在第 11 周(春季),为 111 个,最低值出现在第 42 周(秋季),为 65 个。而在涡旋总面积上的时间变化则相反,为冬、春两季小,夏、秋两季大,其中面积最大值出现在第 46 周(秋季),为

7 825 个像元,最低值出现在第 1 周(冬季),为 4 751 个像元。说明南海海域中尺度涡旋存在一定的季节变化,更多的中尺度涡旋在冬季和春季生成,而面积较大的中尺度涡旋主要出现在夏季以及秋季。南海海域冷涡、暖涡个数全年基本相近,冷、暖涡个数高值均出现在冬末初春,其中冷涡个数最高值在第 11 周,为 59 个,暖涡最高值出现在第 12 周,为 56 个。说明冬季末期至春季初期为南海海域冷、暖涡发育的高峰期。而在面积上冷涡总面积往往大于暖涡总面积,尤其在春夏两季,以及秋末初冬冷。此外,与暖涡相比,冷涡总面积的季节变化更明显,冷涡在春季末期至夏季中期,以及秋季末期至冬季初期的总面积明显高于其他季节。此外值得注意的是,在第 11~18 周,冷涡总面积持续上升,而冷涡个数则呈现下降趋势,说明该时期南海海域面积较大的冷涡生成,或有冷涡合并,并继续发展成面积更大的冷涡。

参考文献

陈敏,2002. 冬季东中国海环流及中尺度涡旋数值模拟. 北京：中国科学院研究生院(海洋研究所).

崔凤娟,2015. 南海中尺度涡的识别及统计特征分析. 青岛：中国海洋大学.

董昌明,2015. 海洋涡旋探测与分析. 北京：科学出版社.

黎安舟,周为峰,范秀梅,2017. 遥感图像中尺度海洋锋及涡旋提取方法研究进展. 中国图象图形学报,22(6)：709－718.

王桂华,2004. 南海中尺度涡的运动规律探讨. 青岛：中国海洋大学.

燕丹晨,仉天宇,李云,等,2015. 基于 WA 方法的 2013 年夏秋越南东南外海暖涡初步分析. 海洋预报,32(5)：53－60.

Chelton D B, Schlax M G, Samelson R M, 2011. Global observations of nonlinear mesoscale eddies. Progress in Oceanography, 91(2)：167－216.

Chen G, Gan J, Xie Q, et al., 2012. Eddy heat and salt transports in the south China sea and their seasonal modulations. Journal of Geophysical Research Oceans, 117(C5)：7724－7738.

Chen G, Hou Y, Chu X, 2011. Mesoscale eddies in the south China sea：mean properties, spatiotemporal variability, and impact on thermohaline structure. Journal of Geophysical Research Oceans, 116(C6)：6716－6735.

Chu X, Xue H, Qi Y, et al., 2014. An exceptional anticyclonic eddy in the south China sea in 2010. Journal of Geophysical Research Oceans, 119(2)：881－897.

Hu J Y, Gan J P, Sun Z Y, et al., 2011. Observed three-dimensional structure of a cold eddy in the southwestern South China sea. Journal of Geophysical Research-Oceans, 116(C5)：0148－0227.

Nan F, He Z, Zhou H, et al., 2011. Three long-lived anticyclonic eddies in the northern south China sea. Journal of Geophysical Research Oceans, 116(C5)：6790－6805.

Sadarjoen I A, Post F H, 2000. Detection, quantification, and tracking of vortices using streamline geometry. Computers & Graphics, 24(3): 333 - 341.

Yi J, Du Y, He Z, et al., 2014. Enhancing the accuracy of automatic eddy detection and the capability of recognizing the multi-core structures from maps of sea level anomaly. Ocean Science, 10(1): 39 - 48.

第9章 南海夜间作业渔船信息提取与中尺度特征的相关分析

南海位于中国大陆南侧，太平洋西部，是中国最大的半封闭边缘海。南海北起中国大陆，南至加里曼丹岛、苏门答腊岛，东邻菲律宾，西接马来半岛、中南半岛。南海及南海诸岛均位于北回归线以南，属于热带海洋性季风气候，终年高温，年平均气温在25~28℃，南海年降水量充沛，且降水量存在明显的季节变化，降水主要集中在夏季。南海东北部通过巴士海峡、巴林塘海峡等众多海峡和水道与西太平洋相通，西南部通过马六甲海峡与印度洋相通。南海北部有珠江、韩江、鉴江，西北部有红河、湄公河、湄南河等多条地表径流流入。南海与大洋海水频繁的水交换及多条地表径流汇入，加上其复杂的海底地形地貌，使得南海既有大洋的特征，又有其自身独特的特性（靳姗姗，2017）。南海拥有上千个鱼类品种，包括大黄鱼、马鲛鱼、石斑鱼、金枪鱼、乌鲳鱼和银鲳鱼等重要经济种类。南海拥有$6×10^6$~$7×10^6$ t潜在渔获量，且主要集中于深500 m内的大陆架区，其潜在渔获量约为$5×10^6$ t，占整个南海海域渔获量的80%以上（鞠海龙，2012；张思宇，2017）。南海蕴藏丰富的矿产资源，海底石油和天然气资源储量巨大。南海天然气储量约$1×10^{13}$ m^3，石油蕴藏量高达200多亿吨，石油储量相当于全球储量的12%，同时大约占据了中国1/3的石油总资源量（吴士存等，2005；成王玉，2015）。除蕴含丰富的生物及矿产资源外，南海周边国家及地区港口数量总和超过800个，是世界上最繁忙的海上运输通道之一，被称为“东方十字路口”（王加胜，2014）。作为印度洋及太平洋的中转站，据统计，至少有超过37条世界交通航线经过南海，每天平均约有300艘货轮途经南海，占全球海上运输的25%。

渔业资源是自然资源的重要组成部分，同时也是人类重要的食物来源之一，世界2/3的人口所需的40%蛋白质来源于鱼类，渔业在我国国民经济中的地位也在不断提高（陈新军，2014）。然而由于过度捕捞等，20世纪中后期以来，南海渔业资源呈现迅速衰减的状态（鞠海龙，2012），因此合理捕捞，加强对渔业活动的管理，保护渔业资源刻不容缓。渔场的分布能很好地反映渔业资源的分布情况，渔船的分布状况则能很好地反映渔场的分布以及人类对渔业资源的捕捞情况，因此，研究渔船的分布及其变化规律，可为渔业资源保护和管理提供有力依据。

渔场及渔船分布与锋面及涡旋密切相关，研究渔场及渔船与锋面、涡旋的关系可为渔业资源调查、渔业资源管理等提供理论基础。遥感技术以其优良的连续性、同步性已成为广泛应用于资源调查、海洋环境监测等领域的重要手段。以遥感数据为基础进行船位信息、中尺度锋和涡旋的提取并研究渔船分布与中尺度锋及涡旋的关系，可为渔业活动的规划、渔业行为的管理及监测提供有效技术手段。

9.1 渔船分布与中尺度特征

本章以遥感数据为基础，根据不同目标在对应遥感图像上的辐射特征及形态特征，建立有效的方法，对南海海域中尺度锋、中尺度涡旋以及夜间作业渔船信息进行提取，研究其空间分布及时间变化规律，并分析南海夜间作业渔船空间分布与中尺度锋及中尺度涡旋的空间位置关系（图9－1），从而为南海渔业资源评估及分析、渔情预报、渔业活动监测等提供有效的技术及理论支撑。

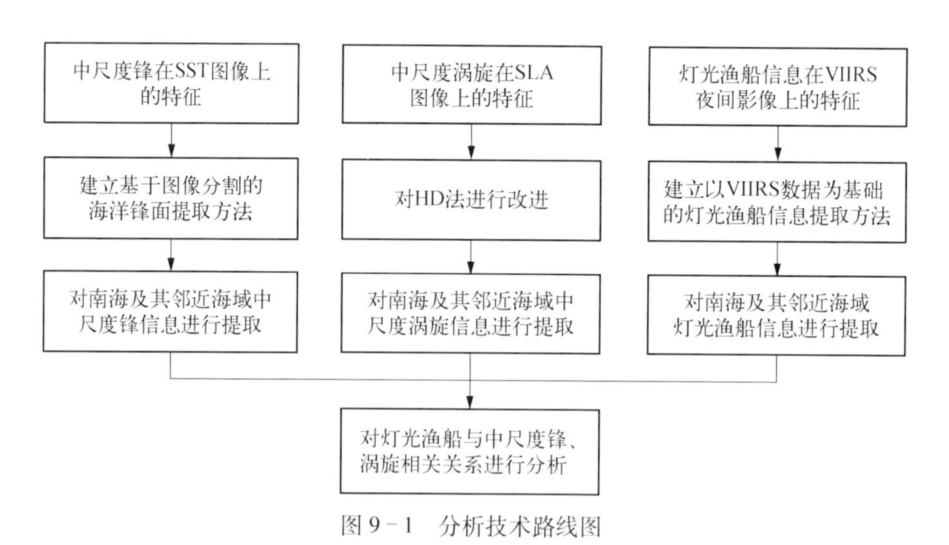

图9－1　分析技术路线图

本章首先根据海洋水文要素弱边缘的特性，建立以图像分割为基础的海洋锋面提取方法，并用该方法对锋面信息进行提取以研究南海 SST 锋的时空分布特征。其次,对HD法进行改进,用改进后的HD法对研究区域涡旋信息进行提取以研究其空间分布及其动态变化规律。根据夜间作业渔船灯光点的形态特征及辐射特征,本章建立了以VIIRS夜间遥感数据为基础的夜间作业渔船信息提取方法,并对南海夜间作业渔船信息进行了识别以研究渔船的时空分布规律。最后通过夜间作业渔船信息与中尺度锋及涡旋的叠加分析,研究夜间作业渔船空间分布与中尺度锋及涡旋的相关关系,探讨中尺度锋及中尺度涡旋等海洋环境特征对南海夜间作业渔船空间分布的影响。

南海中尺度锋面信息提取部分,采用本书第7章中以图像分割为基础的海洋锋面提取方法;南海中尺度涡旋提取部分,采用本书第8章中改进后的HD法。本书第7章在归纳总结了常用锋面提取方法的基础上建立以图像分割为基础的海洋锋面提取新方法,并对锋面提取结果进行了分析。本书第8章介绍了常用中尺度涡旋提取方法,并改进了HD法,对南海中尺度涡旋提取结果进行分析。

9.2　基于VIIRS数据的夜间作业渔船信息提取

9.2.1　数据来源

本章利用搭载于JPSS试验卫星NPP(National Polar-orbiting Operational Environmental Satellite System)上的VIIRS传感器中DNB、M10以及M12通道数据对南海海域夜间作业渔船船位信息进行提取。NPP卫星重复周期为16天,其中VIIRS DNB通道为白天/夜间可见光全波段通道,通道中心波长为0.7 μm,通道范围为0.5~0.9 μm,星下点分辨率为742 m,可探测夜间微弱的可见光辐射;M10为近红外通道,通道中心波长为1.61 μm,星下点分辨率为742 m;M12为近红外通道,通道中心波长为3.70 μm,星下点分辨率为742 m。

9.2.2　夜间作业渔船在VIIRS数据上的特征

夜间作业渔船、海上油气平台等人造光源目标在VIIRS/DNB夜间遥感影像上表现为高亮度值的离散点,其像元值高于周围像元,且在其灯光影响范围内,人造光源目标周围像元DN值随其与人造光源目标距离的递增而递减,渔船在空间分布上往往是成群、集中分布(图9-2)。在VIIRS红外影像上,夜间作业渔船无明显特征,而海洋油气平台则依然表现为高亮度值的离散点。

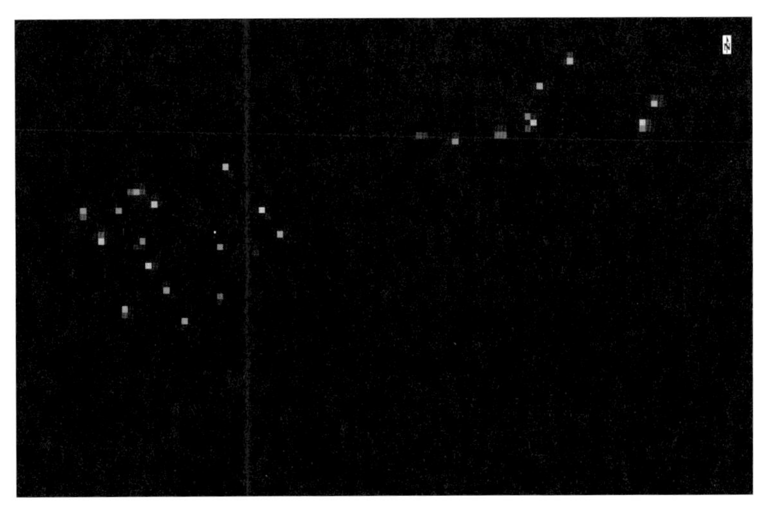

图 9-2　VIIRS/DNB 夜间影像

9.2.3　基于 VIIRS 数据的夜间作业渔船信息提取方法

根据夜间作业渔船在 VIIRS 数据上的形态及辐射特征,可利用 VIIRS DNB 波段数据识别南海海域夜间光源信息(包括夜间作业渔船,海上油气平台),同时根据渔船灯光与海上油气平台在红外波段上的辐射差异,利用 VIIRS 近红外及短波红外波段(M10 及 M12 波段)数据识别海上油气平台信息,并将海上油气平台在 VIIRS DNB 夜间影像中对应的光源点剔除。本章船位信息提取步骤(图 9-3)包括图像预处理、灯光信息提取、渔船信息筛选及渔船密度计算。

1. 图像预处理

本章对 VIIRS 影像的预处理过程主要包括几何校正及图像滤波,几何校正采用网站 https://www.avl.class.noaa.gov/提供的几何校正文件,并通过 ENVI 软件实现。图像滤波的目的是消除图像噪声,根据不同波段影像的直方图特征,对 DNB 及 M12 波段影像采用维纳滤波的方法消除图像噪声,对 M10 波段影像采用高通滤波的方法消除图像噪声。

2. 灯光信息提取

根据灯光信息在 VIIRS 影像上的形态特征,将满足以下条件的像元作为灯光信息提取的候选像元:

(1) 在其 4 连通域内为极大值,即为局部极大值。

(2) 在以其为中心像元的 5×5 窗口内,排除潜在灯光信息像元(满足条件(1)的像元)影响的情况下,其 8 邻域像元平均值大于窗口最外层像元平均值,即在其灯光影响范围内,光源周围像元的像元值随其与光源的距离递增而递

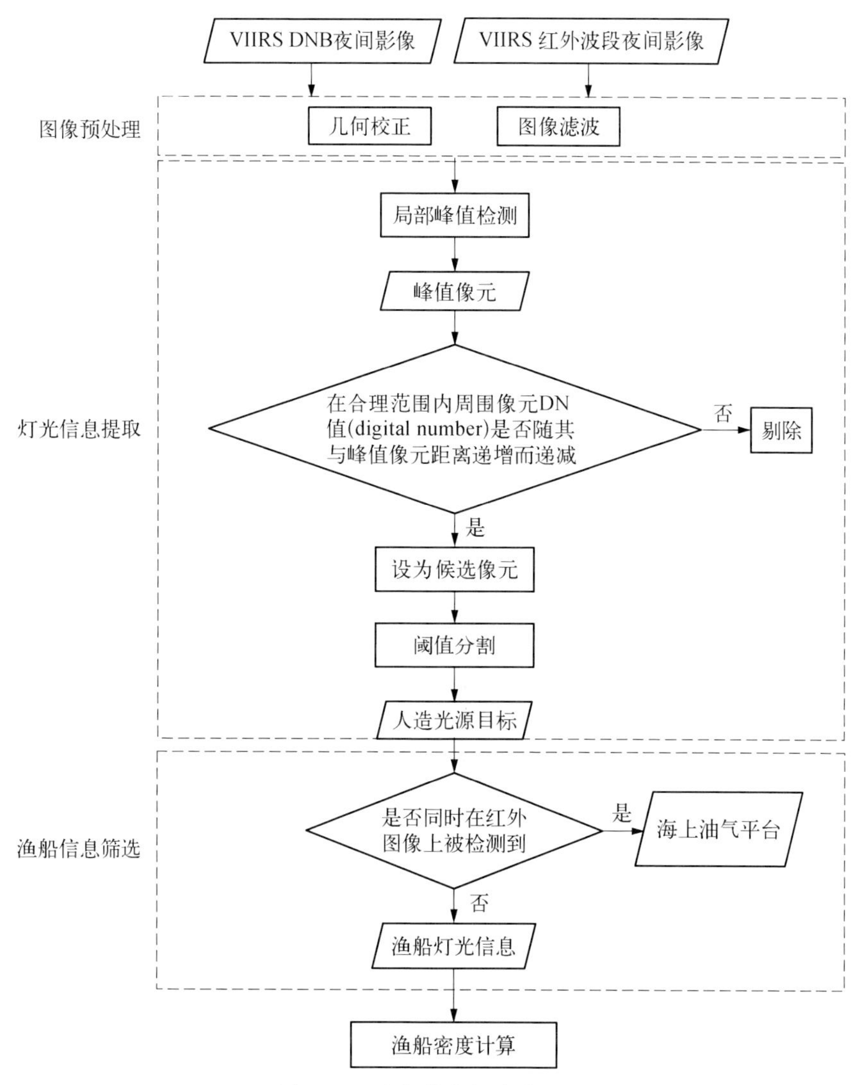

图 9－3 渔船信息提取流程图

减。其中值得注意的是,根据渔船灯光在 VIIRS 影像上的辐射特征,渔船灯光影响范围可延伸至其周围的两层像元,因此在判断像元是否符合条件(2)时,应剔除 5×5 窗口内其他潜在光源信息像元及在其影响范围内的像元。

(3) 根据灯光信息在 VIIRS 影像上的辐射特征,利用最大类间方差法(OTSU 法)获取辐射阈值,提取候选像元中像元值大于辐射阈值的像元,得到夜间光源信息。

通过步骤(1)(2)对图像像元进行初步筛选后,对影像进行对数增强处理,增强后图像直方图呈现双峰结构(图 9-4),对于具有双峰结构直方图图像,利用 OTSU 法自动选取阈值,能达到较好的分割效果。OTSU 算法由日本学者大津提出(Otsu, 1979),其基本原理为:当一个阈值使得图像类间方差达到最大时,则该阈值为图像分割的最佳阈值,即对于阈值 t,可将图像分割为前景像元和背景像元,其中,前景像元所占图像总像元比例为 P_1,像元值均值为 u_1,背景像元所占比例为 P_2,像元值均值为 u_2,图像像元值均值为 u,则阈值 t 对应的图像类间方差为

$$g(t) = P_1 \times (u - u_1)^2 + P_2 \times (u - u_2)^2 \tag{9.1}$$

当 $g(t)$ 达到最大值时,对应的阈值 t 则为最佳阈值。

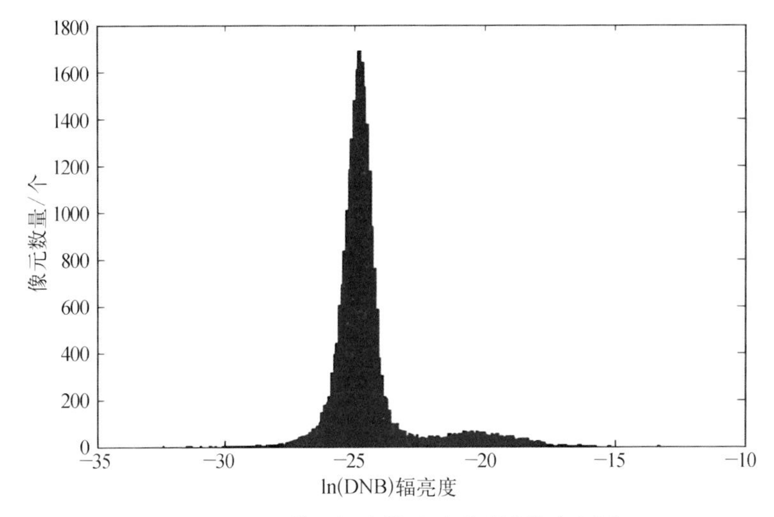

图 9-4 像元初步筛选后增强影像直方图

3. 渔船信息筛选

在步骤(2)中,对于 VIIRS 红外波段影像,可提取得到海上油气平台信息,根据油气平台的辐射特征,以油气平台为中心设置 2 km 缓冲区,将 DNB 波段影像上位于缓冲区内的灯光信息剔除,最终得到夜间作业渔船信息。

4. 渔船密度计算

为进一步了解南海海域夜间作业渔船集中程度及其时空变化规律,在渔船灯光信息基础上对渔船密度进行计算。像元 P 的渔船密度计算方法为

$$\text{Density} = \frac{N_{\text{boat}}}{N} \tag{9.2}$$

式中，N_{boat} 为以像元 P 为中心的 51×51 窗口内，检测到的渔船灯光像元个数；N 为窗口内像元总个数。

9.2.4　基于 VIIRS 数据的南海夜间作业渔船提取结果分析

1. 提取结果

利用 9.2.3 节提到的方法对 2014 年南海海域夜间作业渔船信息进行提取（图 9－5），并对提取到的夜间作业渔船灯光点数进行统计（图 9－6）。同时对渔船密度进行计算，得到南海海域渔船密度分布图（图 9－7）。

2. 南海夜间作业渔船时空分布特征分析

2014 年南海海域夜间作业渔船灯光点数统计结果表明，南海海域夜间作业

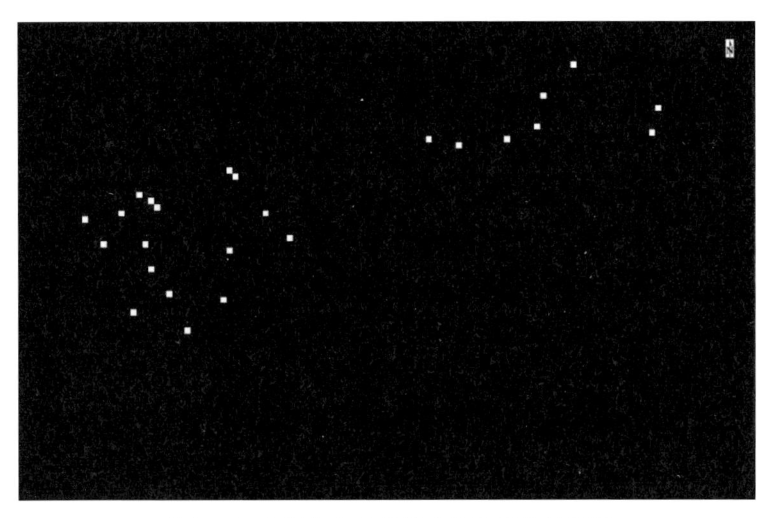

图 9－5　夜间作业渔船船位信息提取结果图

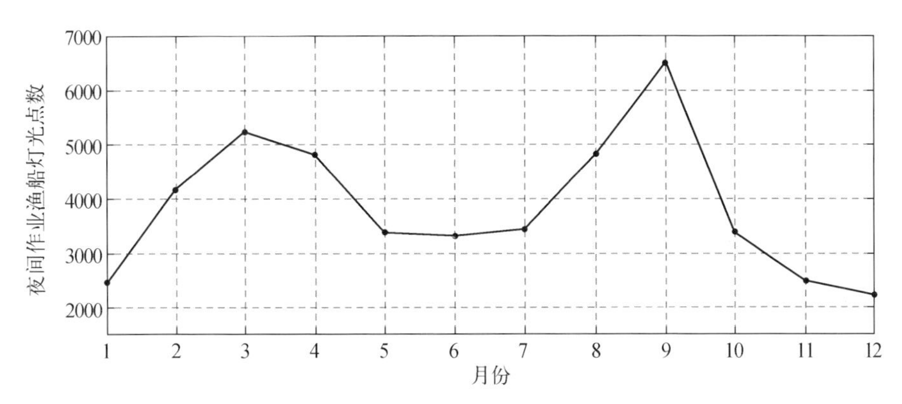

图 9－6　夜间作业渔船灯光点数月变化图

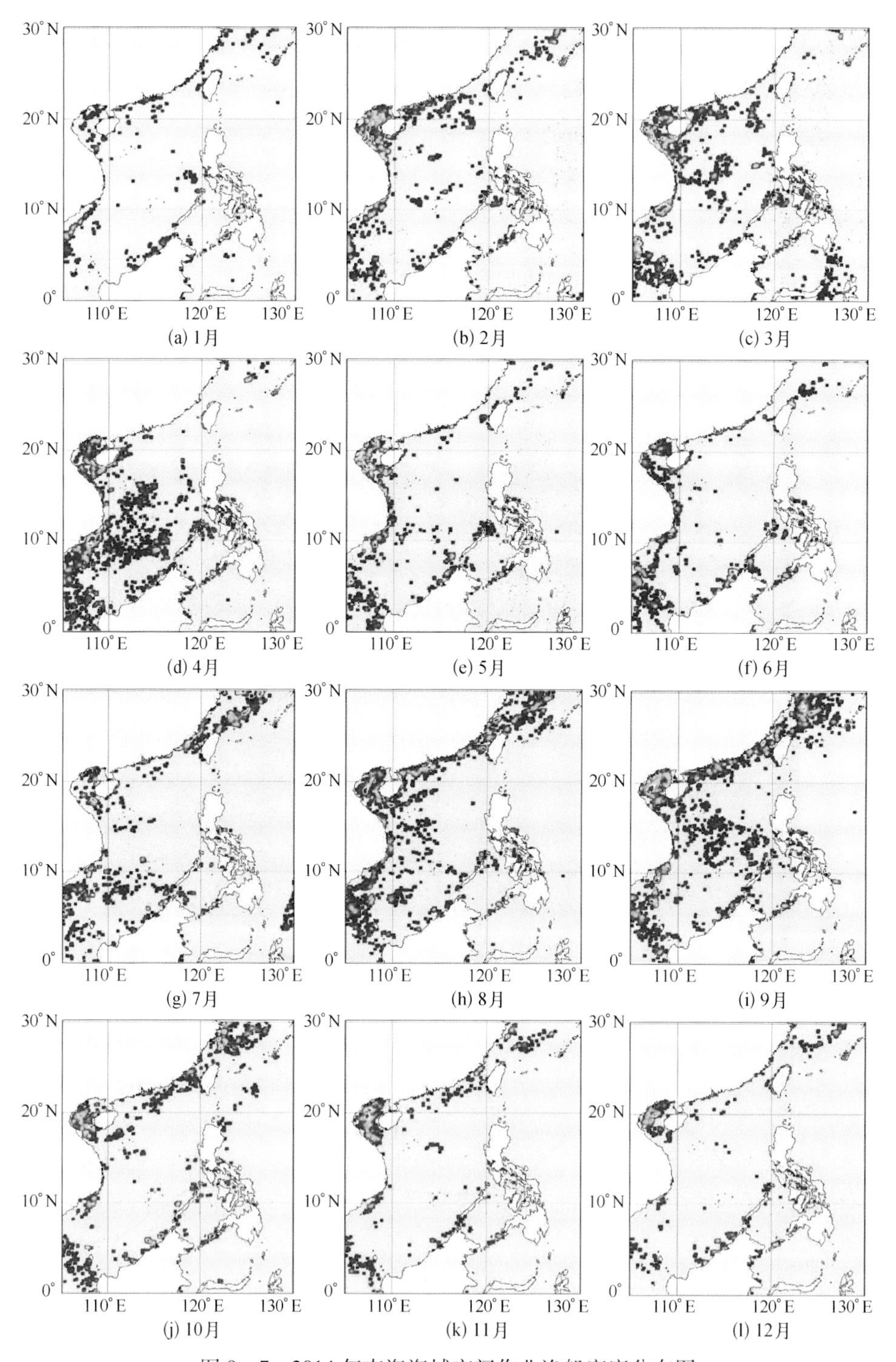

(a) 1月 (b) 2月 (c) 3月
(d) 4月 (e) 5月 (f) 6月
(g) 7月 (h) 8月 (i) 9月
(j) 10月 (k) 11月 (l) 12月

图 9 - 7 2014 年南海海域夜间作业渔船密度分布图

渔船灯光点数在时间变化上呈现明显的双峰分布，其中第一个峰值出现在3月，共检测到5 227个灯光点，第二个峰值出现在9月，共检测到6 473个灯光点，说明在南海海域进行的渔业活动具有一定的周期性，且渔业活动主要集中在春、秋两季，其中秋季捕捞强度更大。此外，5月、6月、7月三个月南海海域夜间作业渔船灯光点数持续处于低值位置，这可能与我国的禁渔政策有关。冬季（1月、11月以及12月），南海海域夜间作业渔船灯光点数处于较低值，其中最低值在12月，共检测到2 209个灯光点，说明冬季为南海海域渔业活动的淡季。

在空间分布上（图9－7），南海夜间作业渔船呈块状或带状分布，并且有明显的聚集性。南海海域夜间作业渔船主要分布于北部湾海域、中南半岛东南侧海域以及南海东北部海域，并且夜间作业渔船的空间分布具有明显的季节变化。1月夜间作业渔船主要分布于北部湾西北部沿岸海域及中南半岛东南部沿岸海域，且渔船密度较小。冬季末期及进入春季（2~4月）后北部湾海域及中南半岛东南部沿岸海域渔船数量明显增多，渔船密度增大，且呈现向南移动的趋势；同时中国大陆南部沿岸海域、中南半岛东部沿岸海域、南海中部海域以及南海西南部海域也有大量渔船出现，尤其在中南半岛南部至加里曼丹岛西部之间的海域渔船密度更大。春季末期及进入夏季（5~7月）后，中国大陆南部沿岸海域、南海中部及西南部海域渔船数量及渔船密度逐渐降低，渔船主要分布于中南半岛东部沿岸海域及北部湾海域，且6月及7月北部湾海域渔船数量及渔船密度迅速降低，这可能与我国的禁渔政策有关。夏季末期及进入秋季（8~10月）后，随着禁渔期结束，北部湾海域、中国大陆沿岸海域及南海东北部海域渔船数量及渔船密度迅速增大，并向南海中部及南海西南部海域扩散，其中，北部湾中部海域、广东省沿岸海域、南海东北部海域及中南半岛南部海域为主要的渔船聚集区域。进入冬季（11~12月）后，南海海域渔船数量及渔船密度逐渐降低，其中南海中部及西南部渔船数量及渔船密度降低更为明显，渔船主要集中于北部湾海域及南海东北部部分海域。

9.3　渔船分布与中尺度锋及涡旋相关性分析

9.3.1　渔船分布与中尺度锋相关性分析

为直观了解南海海域夜间作业渔船分布与SST锋的相关关系，本章将南海海域渔船密度与相同时期的SST锋叠加显示（图9－8）。

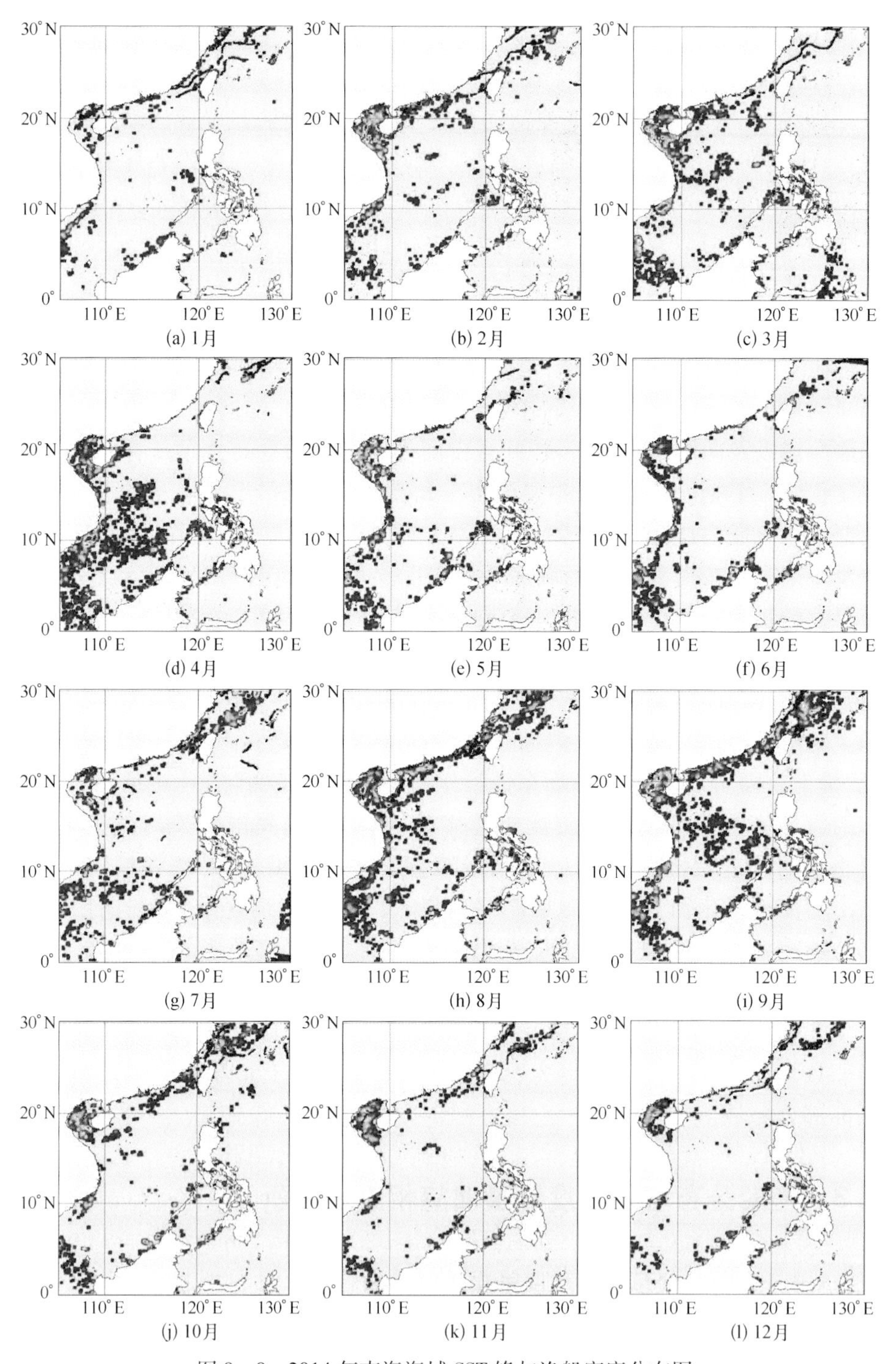

图 9-8　2014 年南海海域 SST 锋与渔船密度分布图

南海海域SST锋与渔船密度叠加显示结果表明：1月北部湾海域渔船沿该海域锋面呈带状分布，且位于锋面中心线南侧，即暖水团一侧。冬季末期及进入春季（2~4月）后，南海东北部海域及雷州半岛西侧海域渔船沿锋面分布且位于锋面中心线南侧，即暖水团一侧。春季末期及进入夏季（5~7月）后，南海东北部渔船位于锋面北侧，即冷水团一侧附近海域，且7月台湾海峡及其附近海域锋面北侧有大量渔船聚集，渔船密度较大，此时南海中西部海域渔船也分布于锋面附近，且位于锋面西侧及暖水团一侧；加里曼丹岛北部沿岸海域的渔船也同样分布于锋面附近。夏季末期及进入秋季（8~10月）后，南海海域锋面主要位于台湾海峡及其附近海域以及南海东北部海域，而在锋面出现的海域往往存在渔船密度高值区，如8月台湾海峡及其西侧海域、10月南海东北部中国大陆沿海的锋面中心线附近均为渔船密集区域，渔船密度均呈现高值。进入冬季后（11~12月），南海东北部海域渔船沿锋面中心线呈带状分布。以上结果表明，渔船分布与锋面位置密切相关。在有锋面出现的海域，渔船分布方向往往与锋面中心线方向一致，锋面附近通常存在渔船密集区，在南海锋面强度较大的冬季及早春，渔船更是沿着锋面中心线呈带状分布。此外，在主要的锋面发育海域（南海东北部、台湾海峡及其附近海域），除春季外，渔船通常位于锋面北侧，即冷水团一侧。

9.3.2　渔船分布与中尺度涡旋相关性分析

为直观了解南海海域空间分布与中尺度涡旋的相关关系，本章将南海海域渔船密度与相同时期的中尺度涡旋信息叠加显示（图9－9）。

南海海域中尺度涡旋信息与渔船密度叠加显示结果表明：冬季及早春（1~2月），南海东北部海域、南海中部及中南半岛以南海域的渔船主要集中在冷涡附近。春季（3~5月），南海中部及中南部海域有大量暖涡发育，与此同时，该海域也有大量渔船分布，渔船主要分布于涡旋密集区，且通常聚集于距离较近的冷涡与暖涡之间。夏季末期及秋季（7~10月），南海东北部及南海东南部海域的渔船主要分布于冷涡附近，如7月南海东北部的四个冷涡附近均为渔船密集区，南海东南部的渔船则位于该海域的三个冷涡之间，9月台湾海峡东北部海域的渔船位于该海域的冷涡边界呈带状分布。而在南海中部及西南部海域，渔船则主要分布于暖涡附近。以上现象说明，南海涡旋与渔业资源空间分布存在一定内在联系，从而影响南海海域渔船的分布情况，其中南海东北部海域渔船分布受冷涡影响更大，而除冬季外，南海中部及南海西南部海域空间分布与暖涡位置密切相关。

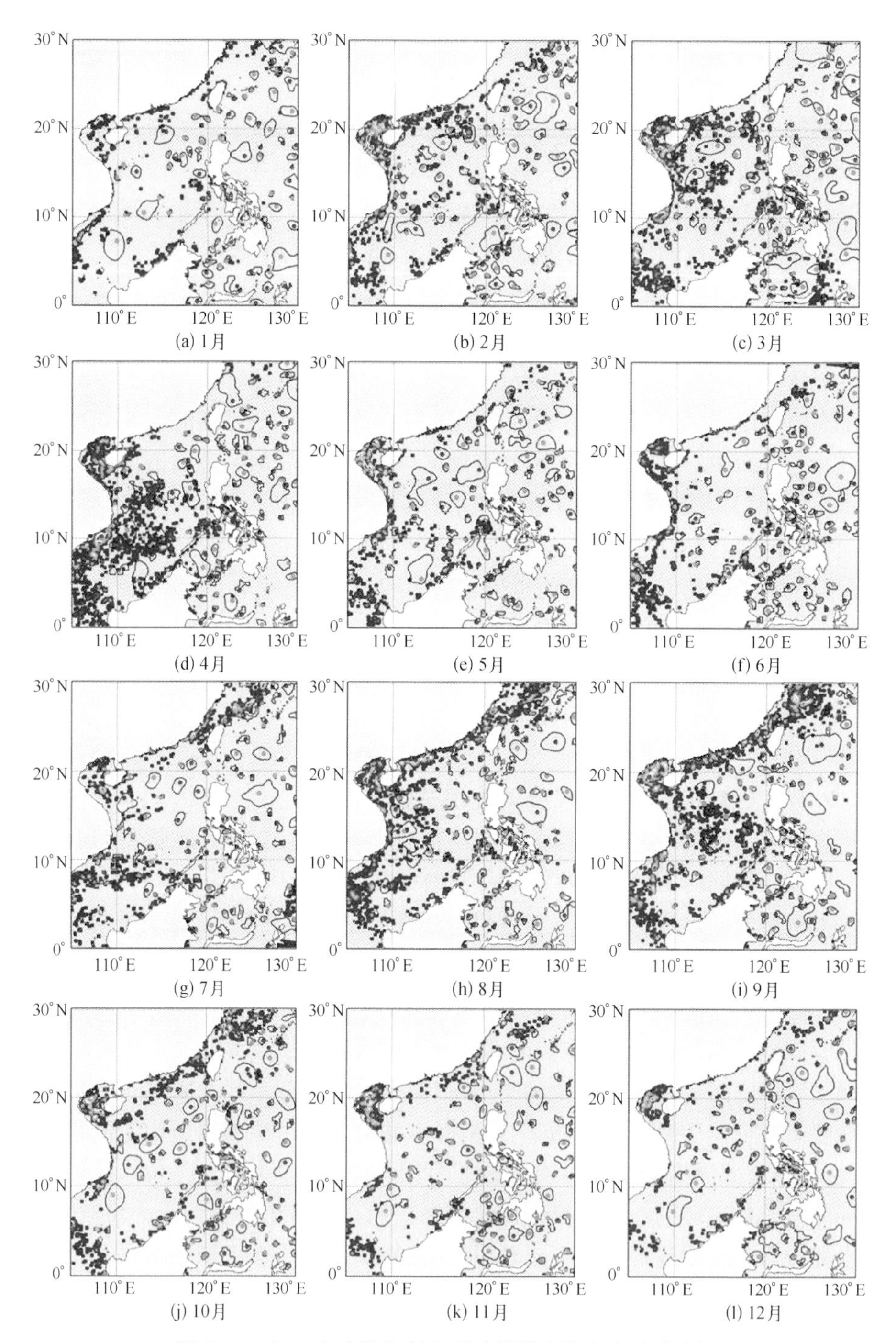

图 9－9　2014 年南海海域中尺度涡旋与渔船密度分布图

绿点表示冷涡，红点表示暖涡

参考文献

陈新军,2014. 渔业资源与渔场学. 北京：海洋出版社.

成王玉,2015. 南海油气钻井平台遥感提取研究. 南京：南京大学.

靳姗姗,2017. 基于 K-means 聚类分析的南海水团分布及其季节变化研究. 青岛：国家海洋局第一海洋研究所.

鞠海龙,2012. 南海渔业资源衰减相关问题研究. 东南亚研究(6)：51-55.

王加胜,2014. 南海航道安全空间综合评价研究. 南京：南京大学.

吴士存,任怀锋,2005. 我国的能源安全与南海争议区的油气开发. 中国海洋法学评论(2)：24-30.

张思宇,2017. 基于夜间灯光数据的南海渔业捕捞动态变化研究. 南京：南京大学.

Otsu N, 1979. A threshold selection method from gray-level histogram. IEEE Trans Smc, 9(1): 62-66.

第10章 南海外海渔情预报信息服务系统

渔情预报工作主要通过具体的预报模型来完成，第5章已经具体介绍了预报模型的构建和预报精度的问题，而如何实现预报结果的可视化以及预报信息的实时发布也是南海外海捕捞技术与新资源开发项目需要解决的问题。为此，本章以南海金枪鱼渔场为研究对象，结合渔情预报信息服务的需求和应用，借助网络服务技术和地理信息技术，设计出基于WebGIS（网络地理信息系统）的南海外海金枪鱼渔场渔情预报信息服务系统，以期对南海外海金枪鱼渔场的渔情预报信息进行实时发布，并为渔业生产提供方便快捷的预报信息获取途径。

10.1 系统设计思路和需求分析

渔场预报的结果需要通过某种媒介或平台进行传输和共享，这一过程称为预报信息发布。一个完整的渔情预报信息主要包含渔场环境信息和渔场预报信息，其中，渔场环境（如SST、叶绿素浓度以及SSH）等一般以地图栅格的形式显示给用户，并标记有相应的等值线和等值面，而渔场预报信息主要为带有地理位置信息的点状矢量，每个点代表的是每个渔区，通过矢量属性来存储具体的预报信息，如渔区代号、经纬度、环境参数以及渔场预报类别或概率值等。GIS不仅能够科学有效地存储并管理这些时空大尺度、更新频繁的渔情预报信息，而且也能以图形、元素、大小以及色彩等最为直观的方式将这些信息发布给用户。随着网络技术的发展，GIS也通过Web功能得以扩展，WebGIS基于Internet平台和网络协议实现了信息的交互和共享，用户能在任意一个Web节点上使用GIS功能，如对空间信息的查询、检索以及分析等（宋关福等，1998；Mathiyalagan et al.，2005；冯杭建等，2009）。

南海外海金枪鱼渔场渔情预报信息服务系统主要的输入、输出项目如表10－1所示。

表 10－1　系统主要的输入、输出项目

输入的信息	输出的信息
海洋环境原始栅格数据	海洋环境地图、等值面和等值线信息
南海金枪鱼历史渔获统计数据和环境数据	南海金枪鱼渔场预报概率矢量数据
南海金枪鱼渔场预报概率矢量数据	南海金枪鱼渔场预报分布地图和信息

其中,海洋环境原始栅格数据下载自指定的网站并使用指定的数据格式,南海金枪鱼历史渔获统计数据和环境数据来自南海金枪鱼渔场历史数据库,南海金枪鱼渔场预报概率矢量数据通过贝叶斯概率预报模型预报生成。输出的信息均在系统主界面以地图服务的形式显示。

管理员以指定的更新频率在系统后台管理界面中输入所需的信息,得到输出信息在系统主界面显示。非管理员用户无权限输入信息,只能对输出信息进行查询。

10.2　系统总体设计

10.2.1　系统框架设计

本系统以 Java 为开发语言,以 Eclipse 为平台所编写,采用了三层架构(图 10－1),即基于 JavaWeb 将整个业务应用从上至下划分为:界面层、业务逻辑层和数据访问层。Java 语言的跨平台性能使应用程序能够在任意计算机环境下正常运行,因此无须考虑系统在不同平台的兼容问题,其面向对象所带来的诸多好处如代码扩展和复用也能够大大缩短开发周期。采用三层架构可以很大限度降低各层之间的依赖并增加各层的独立性,即高内聚弱耦合的编程理念,这种理念能够增加各层逻辑代码的复用度,也利于系统的后期维护和升级。

界面层实现以浏览器的 Web 方式与用户的直接交互,并将用户的业务请求传回给业务逻辑层。通过界面层,普通用户可以获取基本的 WebGIS 服务,对显示在界面的渔场环境和渔情预报信息操作(如放大、缩小、漫游、基本查询、图层管理等),具有管理员权限的用户则可以对后台进行管理,如获取最新渔业数据、上传最新的环境数据以及渔场预报和信息发布操作。

业务逻辑层是整个系统最为核心的部分,要对用户传来的业务请求执行相应的处理,业务请求主要包括访问数据库获取最新渔业数据、对上传的最新环境数据进行接收和处理、利用预报模型进行渔场预报、矢量和栅格数据结果文件生成、地图服务的发布以及地图服务的获取。这些处理所需要的数据源则依

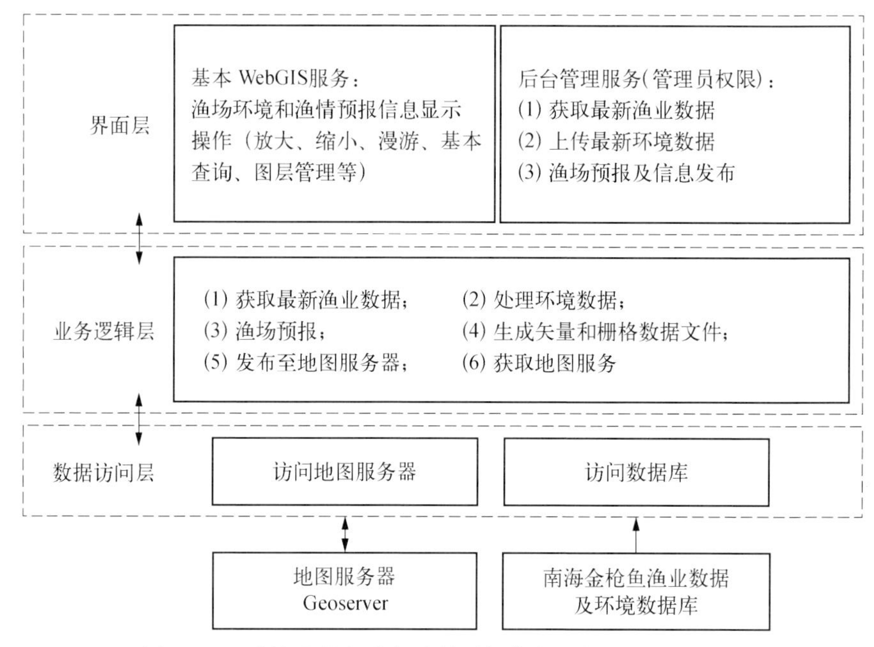

图 10－1　南海金枪鱼渔场渔情预报信息服务系统三层架构

赖于数据访问层。

数据访问层是对数据进行操作并为业务逻辑层和界面层提供数据服务的，其包含了两个数据访问通道：一是对南海外海金枪鱼渔业数据及环境数据库的访问，主要是获取预报所需的历史数据；二是对 GeoServer 地图服务器进行访问来获取和发布地图服务，用于前端显示。

10. 2. 2　系统模块与功能

从上述的系统框架图可以看出，本系统分为以下 4 个模块，即数据获取模块、渔场预报模块、预报信息发布及更新模块和用户界面模块。其中，用户界面模块属于前台服务，另外 3 个则属于后台服务。

1. 数据获取模块

该模块是面向管理员的模块，目的是获取南海金枪鱼历史数据和最新的海洋环境数据。其中，南海金枪鱼历史渔获统计数据和环境数据来自南海金枪鱼渔场历史数据库，最新的海洋环境原始栅格数据下载自指定的网站并采用指定的数据格式。管理员能通过系统后台提供的文件上传输入框将下载好的海洋环境原始栅格数据从 Web 客户端传至本系统服务器端，通过数据库访问通道获取南海金枪鱼历史数据集并导出成 txt 文本格式至系统服务器端。

2. 渔场预报模块

该模块是整个系统最为关键的模块，也是面向管理员的模块，目的是利用渔场预报模型对南海金枪鱼渔场各渔区概率进行计算和预报。管理员可以利用该模块将数据获取模块得到的南海金枪鱼历史数据和最新的海洋环境数据进行数值校正和格式转换处理，得到处理后的环境数据和预报模型所需的参数，将得到的参数代入渔场预报模型，计算出最终的渔情预报概率结果，生成结果文件。

3. 预报信息发布及更新模块

该模块是面向管理员的模块，管理员可利用该模块将渔场预报模块得到的渔情预报概率结果文件和处理后的海洋环境栅格数据复制到已部署好的地图服务器地图存储路径下，实现渔情预报信息的发布和更新。

4. 用户界面模块

该模块是用户和系统交互的接口，从 GeoServer 地图服务器获取最新的渔场预报信息，然后将这些信息显示在 Web 浏览器中，并提供用户对 WebGIS 信息的各项基本操作和后台管理操作。

10.3 系统详细设计

10.3.1 数据流分析

根据南海外海金枪鱼渔场渔情预报信息服务系统的运行处理过程，得到该系统所处理的数据流程，如图 10－2 所示。

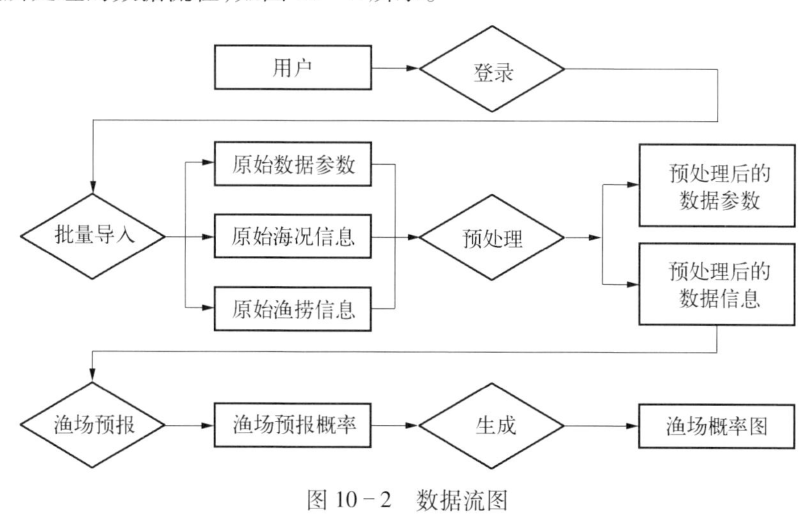

图 10－2　数据流图

针对本系统，通过系统所涉及的数据内容和数据流分析，设计的数据项和数据结构如下。

（1）用户信息：包括的数据项有用户名、登录密码、用户类别、用户权限说明。

（2）数据参数信息：包括的数据项有数据编号、数据名称、空间分辨率、时间分辨率、起始年份、起始月份、时间长度、左下角纬度、左下角经度、纬度跨度、经度跨度等。

（3）原始海洋环境数值信息：包括的数据项有数据编号、数据名称、年份、月份、纬度、经度、环境数值等。

（4）原始渔业生产数据值信息：包括的数据项有数据编号、数据名称、年份、月份、纬度、经度、下钩数、各鱼种产量、各鱼种尾数等。

（5）预处理后数据值信息：包括的数据项有数据编号、数据名称、年份、月份、纬度、经度、下钩数、各鱼种产量、总产量、各鱼种 CPUE、总 CPUE、SST 值、叶绿素浓度值、SSH 值等。

（6）渔场预报概率值信息：包括的数据项有数据编号、数据名称、年份、月份、纬度、经度、渔场预报概率值。

10.3.2 概念结构设计

根据上面的设计规划出的实体有：用户实体、原始数据参数实体、原始海洋环境数值实体、原始渔业生产数据实体、预处理后数据参数实体、预处理后数据值实体、渔场预报概率信息实体。各实体之间关系如图 10－3 所示。

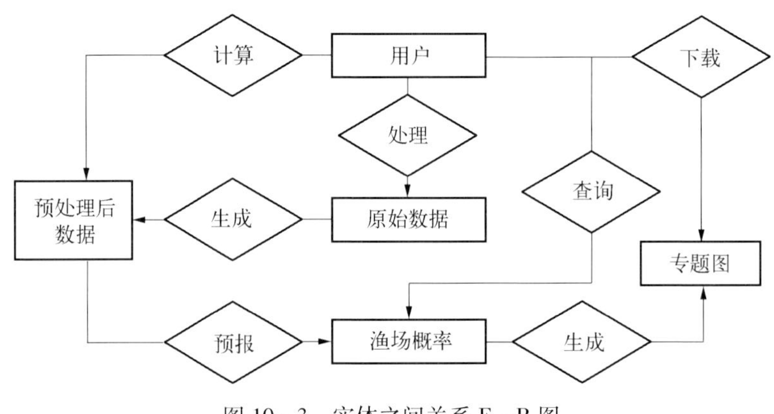

图 10－3　实体之间关系 E－R 图

10.3.3 逻辑结构设计

在上面的实体以及实体之间关系的基础上,形成数据库中的表格以及各个表格之间的关系。数据库中各个表格的设计结果如表 10－2～表 10－8 所示。

表 10－2　用户信息(USERS)表

字 段 名	类　型	说　明	备　注
user_name	varchar (20)	NOT NULL,主键	用户名
user_password	varchar (20)	NOT NULL	登录密码
user_type	varchar (10)	NOT NULL	用户类型

表 10－3　原始数据(RAW_DATA)表

字 段 名	类　型	说　明	备　注
data_id	int	NOT NULL,主键,外键	数据编号
data_name	char (10)	NOT NULL	数据名称,如"SST"表示海表温度
data_sr	char (10)	NOT NULL	空间分辨率,如"1D * 1D"表示 1°×1°
data_tr	char (10)	NOT NULL	时间分辨率,如"1M"表示 1 月
data_sy	int	NOT NULL	起始年份
data_sm	int	NOT NULL	起始月份
time_span	int	NOT NULL	时间长度,单位: 月
lat_ll	int	NOT NULL	左下角纬度,南正北负
lon_ll	int	NOT NULL	左下角经度,东正西负
lat_span	int	NOT NULL	纬度跨度,单位: °
lon_span	int	NOT NULL	经度跨度,单位: °

表 10－4　原始海洋环境数值信息(RAW_OE_VALUE)表

字 段 名	类　型	说　明	备　注
data_id	int	NOT NULL,主键	数据编号
data_name	char (10)	NOT NULL	数据名称,如"SST" 表示海表温度
year	int	NOT NULL	年份
month	int	NOT NULL	月份
lat	int	NOT NULL	纬度,南正北负
lon	int	NOT NULL	经度,东正西负
value	int		环境数值

表 10-5　原始渔业生产数据值信息(RAW_FP_VALUE)表

字段名	类　型	说　明	备　注
data_id	int	NOT NULL,主键	数据编号
data_name	char (10)	NOT NULL	数据名称,如"fishery_prod"
year	int	NOT NULL	年份
month	int	NOT NULL	月份
lat	int	NOT NULL	纬度,南正北负
lon	int	NOT NULL	经度,东正西负
hooks	int		下钩数
fish_prod …	int int		各种鱼产量
fish_n …	int int		各种鱼尾数

表 10-6　预处理后数据值(PP_VALUE)表

字段名	类　型	说　明	备　注
data_id	varchar (10)	NOT NULL,主键	数据编号
data_name	varchar (10)	NOT NULL	数据名称,如"PP_DATA"表示预处理后数据
year	int	NOT NULL	年份
month	int	NOT NULL	月份
lat	int	NOT NULL	纬度,南正北负
lon	int	NOT NULL	经度,东正西负
SST	int		海表温度值
CHLA	int		叶绿素浓度值
SSH	int		海面高度值
PROD …	int int		各鱼种产量及总产量
CPUE …	int int		各鱼种 CPUE 及总 CPUE

表 10-7　渔场概率信息(FORCAST_VALUE)表

字段名	类　型	说　明	备　注
data_id	varchar (10)	NOT NULL,主键	数据编号
data_name	varchar (10)	NOT NULL	数据名称,如"FC_VALUE"表示预报概率数据
year	int	NOT NULL	年份

（续表）

字段名	类　型	说　明	备　注
month	int	NOT NULL	月份
lat	int	NOT NULL	纬度
lon	int	NOT NULL	经度
value	int		预报概率值

表 10-8　专题图信息(ATLAS)表

字段名	类　型	说　明	备　注
atlas_name	varchar (30)	NOT NULL,主键	专题图名称
filepath	varchar (100)	NOT NULL	存储路径
size	int	NOT NULL	存储大小,单位: MB
production_date	datetime	NOT NULL	生产日期

10.3.4　历史数据与最新环境数据获取

历史数据来源见 5.1。将历史数据归并成 5°×5°后通过 MySQL 数据库管理系统以记录编号、生产年份、生产月份、纬度、经度、CPUE、SST 和 SSH 作为表结构字段,按鱼种类别用上述表结构分开存储。

用于预报的最新 SST 数据来自 https://data.remss.com/SST/daily/mw/v05.0/,由美国加利福尼亚州 Remote Sensing Systems 机构提供,其融合了近红外和微波数据,能全天候获取,更新频率较快,满足每天的预报信息更新需求,数据格式为二进制数据,空间分辨率约为 9 km。用于预报的最新 SSH 数据来源同 5.1 节,数据格式为 NetCDF 栅格数据。最新的数据获取是通过系统后台提供的文件上传输入框将下载好的海洋环境原始栅格数据从 Web 客户端传至本系统服务器端来实现的,而历史数据则是通过从数据库访问通道获取南海金枪鱼历史文本格式数据集来实现的,图 10-4 为系统后台提供的文件上传输入框和渔业数据导出按钮。

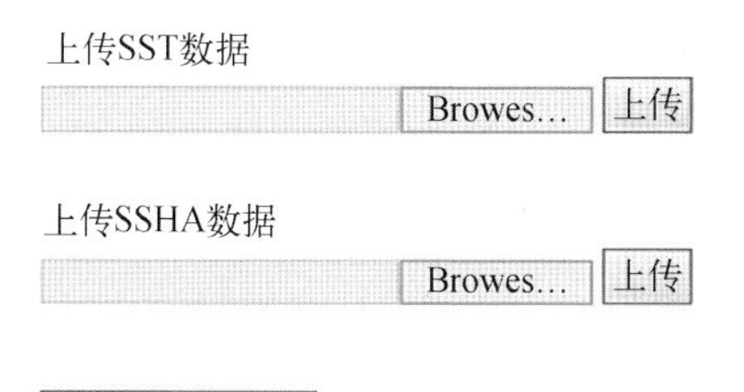

图 10-4　文件上传输入框和渔业数据导出按钮

10.3.5　渔场预报模型

渔场预报模型采用的是第 5 章中的方案 2。模型的运行先通过 Matlab 编写

脚本,再用 Java 调用脚本实现。Matlab 代码编写思路是:

(1) 读取从数据库访问通道获取南海金枪鱼历史文本格式数据集。

(2) 对历史数据中的 SST 和 SSH 进行主成分分析,得到二者的第一主成分。

(3) 读取最新的海洋环境原始数据 SST 和 SSH,并对它们进行数值校正。

(4) 对数值校正后最新的 SST 和 SSH 数据进行重采样,均采样成 1°×1°的格网大小。

(5) 对重采样后的 SST 和 SSH 进行主成分分析,得到每个小格网所对应的 SST 和 SSH 第一主成分。

(6) 利用历史数据计算出每个格网所对应的先验概率和条件概率(历史数据的格网大小为 5°×5°,为了得到 1°×1°的预报结果,这里假设每个 1°×1°小格网的先验概率和条件概率均与其隶属的 5°×5°的大格网概率一致)。

(7) 结合步骤(5)中得到的第一主成分,利用第 5 章的式(5.4)计算出每个小格网的渔场预报概率值。

(8) 将结果以 Java 的 properties 文件格式进行存储(图 10-5),并将数值校正后最新的 SST 和 SSH 数据统一转换成 NetCDF 栅格数据格式。

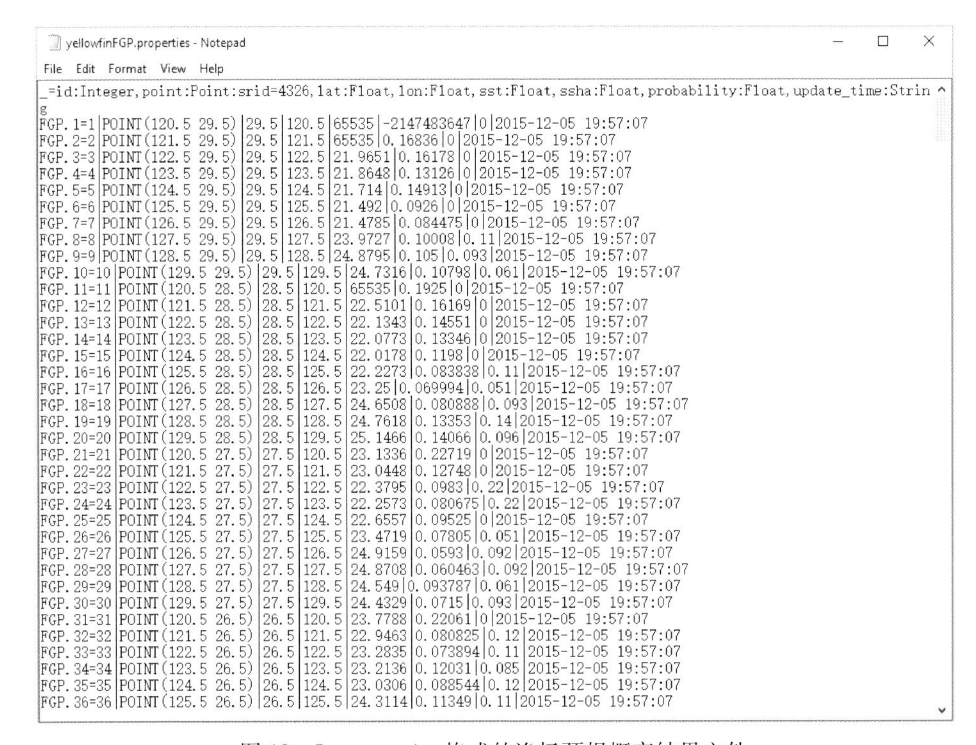


```
_=id:Integer,point:Point:srid=4326,lat:Float,lon:Float,sst:Float,ssha:Float,probability:Float,update_time:Strin
g
FGP.1=1|POINT(120.5 29.5)|29.5|120.5|65535|-2147483647|0|2015-12-05 19:57:07
FGP.2=2|POINT(121.5 29.5)|29.5|121.5|65535|0.16836|0|2015-12-05 19:57:07
FGP.3=3|POINT(122.5 29.5)|29.5|122.5|21.9651|0.16178|0|2015-12-05 19:57:07
FGP.4=4|POINT(123.5 29.5)|29.5|123.5|21.8648|0.13126|0|2015-12-05 19:57:07
FGP.5=5|POINT(124.5 29.5)|29.5|124.5|21.714|0.14913|0|2015-12-05 19:57:07
FGP.6=6|POINT(125.5 29.5)|29.5|125.5|21.492|0.0926|0|2015-12-05 19:57:07
FGP.7=7|POINT(126.5 29.5)|29.5|126.5|21.4785|0.084475|0|2015-12-05 19:57:07
FGP.8=8|POINT(127.5 29.5)|29.5|127.5|23.9727|0.10008|0.11|2015-12-05 19:57:07
FGP.9=9|POINT(128.5 29.5)|29.5|128.5|24.8795|0.105|0.093|2015-12-05 19:57:07
FGP.10=10|POINT(129.5 29.5)|29.5|129.5|24.7316|0.10798|0.061|2015-12-05 19:57:07
FGP.11=11|POINT(120.5 28.5)|28.5|120.5|65535|0.1925|0|2015-12-05 19:57:07
FGP.12=12|POINT(121.5 28.5)|28.5|121.5|22.5101|0.16169|0|2015-12-05 19:57:07
FGP.13=13|POINT(122.5 28.5)|28.5|122.5|22.1343|0.14551|0|2015-12-05 19:57:07
FGP.14=14|POINT(123.5 28.5)|28.5|123.5|22.0773|0.13346|0|2015-12-05 19:57:07
FGP.15=15|POINT(124.5 28.5)|28.5|124.5|22.0178|0.1198|0|2015-12-05 19:57:07
FGP.16=16|POINT(125.5 28.5)|28.5|125.5|22.2273|0.083838|0.11|2015-12-05 19:57:07
FGP.17=17|POINT(126.5 28.5)|28.5|126.5|23.25|0.069994|0.051|2015-12-05 19:57:07
FGP.18=18|POINT(127.5 28.5)|28.5|127.5|24.6508|0.080888|0.093|2015-12-05 19:57:07
FGP.19=19|POINT(128.5 28.5)|28.5|128.5|24.7618|0.13353|0.14|2015-12-05 19:57:07
FGP.20=20|POINT(129.5 28.5)|28.5|129.5|25.1466|0.14066|0.096|2015-12-05 19:57:07
FGP.21=21|POINT(120.5 27.5)|27.5|120.5|23.1336|0.22719|0|2015-12-05 19:57:07
FGP.22=22|POINT(121.5 27.5)|27.5|121.5|23.0448|0.12748|0|2015-12-05 19:57:07
FGP.23=23|POINT(122.5 27.5)|27.5|122.5|22.3795|0.0983|0.22|2015-12-05 19:57:07
FGP.24=24|POINT(123.5 27.5)|27.5|123.5|22.2573|0.080675|0.22|2015-12-05 19:57:07
FGP.25=25|POINT(124.5 27.5)|27.5|124.5|22.6557|0.09525|0|2015-12-05 19:57:07
FGP.26=26|POINT(125.5 27.5)|27.5|125.5|23.4719|0.07805|0.051|2015-12-05 19:57:07
FGP.27=27|POINT(126.5 27.5)|27.5|126.5|24.9159|0.0593|0.092|2015-12-05 19:57:07
FGP.28=28|POINT(127.5 27.5)|27.5|127.5|24.8708|0.060463|0.092|2015-12-05 19:57:07
FGP.29=29|POINT(128.5 27.5)|27.5|128.5|24.549|0.093787|0.061|2015-12-05 19:57:07
FGP.30=30|POINT(129.5 27.5)|27.5|129.5|24.4329|0.0715|0.093|2015-12-05 19:57:07
FGP.31=31|POINT(120.5 26.5)|26.5|120.5|23.7788|0.22061|0|2015-12-05 19:57:07
FGP.32=32|POINT(121.5 26.5)|26.5|121.5|22.9463|0.080825|0.12|2015-12-05 19:57:07
FGP.33=33|POINT(122.5 26.5)|26.5|122.5|23.2835|0.073894|0.11|2015-12-05 19:57:07
FGP.34=34|POINT(123.5 26.5)|26.5|123.5|23.2136|0.12031|0.085|2015-12-05 19:57:07
FGP.35=35|POINT(124.5 26.5)|26.5|124.5|23.0306|0.088544|0.12|2015-12-05 19:57:07
FGP.36=36|POINT(125.5 26.5)|26.5|125.5|24.3114|0.11349|0.11|2015-12-05 19:57:07
```

图 10-5 properties 格式的渔场预报概率结果文件

10.3.6　地图服务发布和更新

地图服务简单地说就是一种使地图图像及其要素和属性数据可通过 Web 进行访问的服务。一项地图服务包含众多的属性和配置,主要包括地图服务类型、地图显示参数和样式、地图功能、池化、缓存等。作为地图服务的载体,地图服务器可以有效地存储和管理地图服务及其属性。本系统以 GeoServer 作为地图服务器。GeoServer 是一款由 J2EE(Java 2 Platform Enterprise Edition)实现的开源地图服务器,支持多种数据格式和地图服务类型,并允许用户对特征数据进行更新、删除、插入操作(http://geoserver.org/;袁轶等,2007)。本系统中所包含的信息包括海况信息和渔场预报概率信息,其中海况信息是以切片形式的 Web 地图服务(Web map service, WMS)来表示的,渔场预报概率信息以 Web 要素服务(Web feature service, WFS)来表示。WMS 可以将具有地理空间位置信息的数据制作成地图进行可视化表现,GeoServer 支持将 NetCDF 数据直接发布成 WMS 服务。WFS 支持对地理要素基于属性域的查询,GeoServer 支持将 Java 的 properties 文件直接发布成 WFS 服务。在系统的客户端,用户将直接通过 WMS 地图服务和 WFS 要素服务提供的 URL 地址对地图进行访问。

10.3.7　WebGIS 客户端

WebGIS 客户端的主要功能就是渔场环境和渔情预报信息的操作(放大、缩小、漫游、基本查询、图层管理等)。本系统的 WebGIS 客户端是采用 OpenLayers 3 类库实现的。OpenLayers 是由 MetaCarta 公司开发的一款开源免费的、用于 WebGIS 客户端开发的 JavaScript 类库包(Gratier et al., 2015;http://www.openlayers.org.)。由于 OpenLayers 采用 JavaScript 语言实现,因此其作为客户端不存在浏览器依赖性,可直接嵌入 HTML 页面使用。用户使用 WebGIS 客户端的主要目的之一就是向地图服务器发出请求并从地图服务器中获取地图,并且每当用户对地图进行漫游、放大或缩小等操作时,都会向地图服务器发出新的请求。事实上,这些从客户端发出的所有请求都是由 OpenLayers 完成的,其请求并访问地图服务器,然后将地图即访问结果响应回客户端给用户。OpenLayers 还采用了 AJAX 技术,即请求发送后到用户接收到响应这一过程无需对浏览页面进行刷新,这种良好的网络交互能力和表现效果能给用户带来丰富的桌面体验。

10.4 系统实现

基于本章所提出的系统设计和关键技术方案，以 Java 作为后台开发语言，OpenLayers 3 作为 Web 客户端开发类库，MySQL 作为后台数据库管理系统，GeoServer 作为地图服务器，在 Eclipse 开发环境中构建系统，系统界面如图 10-6 所示。界面左侧上方为地图放大、缩小和重置按钮，左下方为地图比例尺，右上方为图层管理框，右下方为经纬度信息。

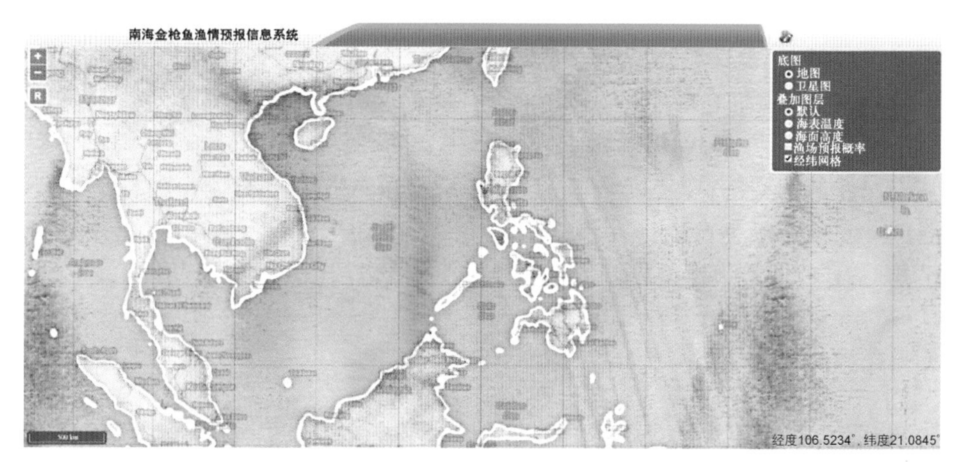

(a) 系统主界面

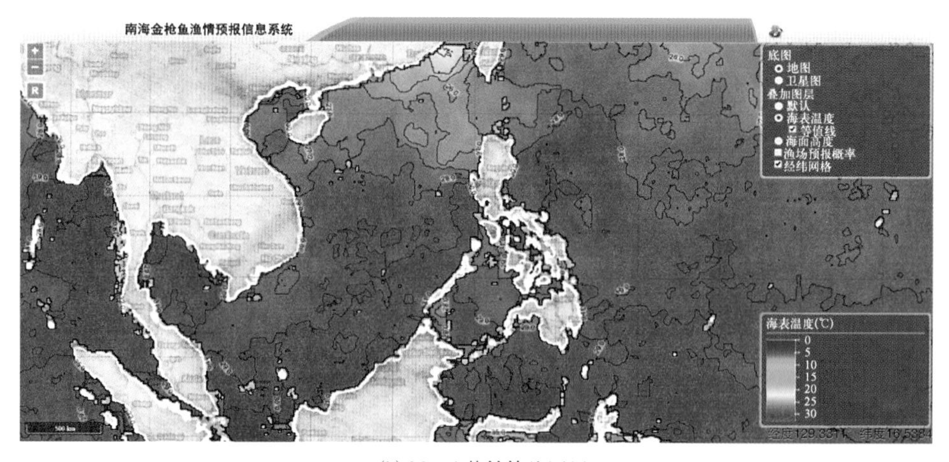

(b) SST及其等值线图层

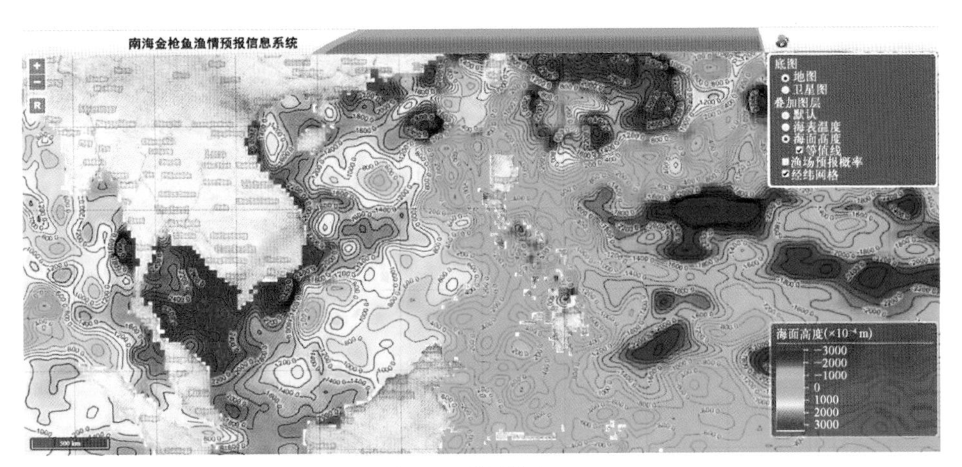

(c) SST及其等值线图层

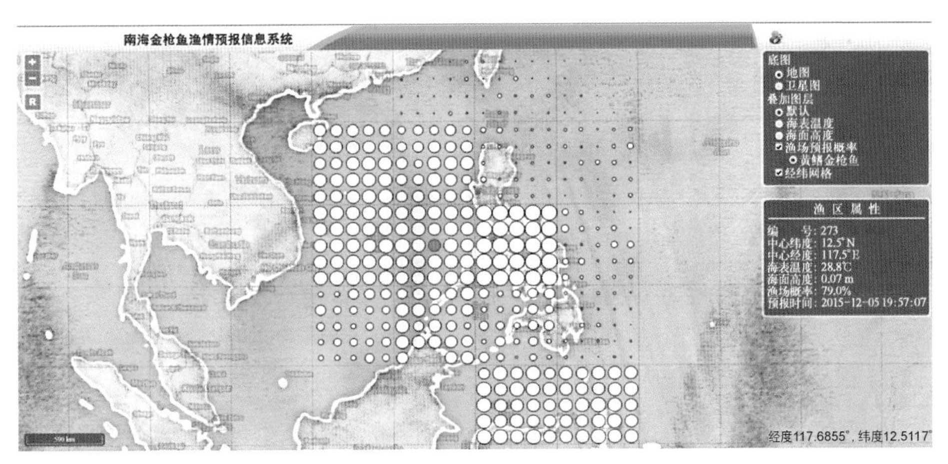

(d) 渔场预报概率图层

图 10-6　系统界面

普通用户可以通过界面上的按钮或鼠标滚轮对图层进行放大、缩小和重置操作。通过图层管理框中的选项可以自由地对图层进行切换显示等操作，从而能够具体地查看海况信息及相应的等值线信息。图层包含底图和叠加图层，其中，底图包括普通地图和卫星图，叠加图层包括 SST 和 SSH 以及各自的等值线图、渔场预报概率图以及经纬网格等。预报信息根据渔场概率以不同大小的圆进行显示，将鼠标移动到指定的圆要素上，即可在右侧的渔区属性框中查看具体信息，包括渔区编号、中心纬度、中心经度、SST、SSH、渔场概率和预报时间等。系统管理员可以通过右上方的管理员入口进入管理界面进行获取最新渔业数据、上传最新环境数据以及渔场预报及信息发布等操作。

参考文献

陈雪忠,樊伟,崔雪森,等,2013. 基于随机森林的印度洋长鳍金枪鱼渔场预报. 海洋学报(中文版),35(1):158-164.

冯杭建,李伟,麻土华,等,2009. 地质灾害预警预报信息发布系统——基于ANN和GIS的新一代发布系统. 自然灾害学报,18(1):187-193.

纪世建,周为峰,程田飞,等,2015. 南海外海渔场渔情分析预报的探讨. 渔业信息与战略,30(2):98-105.

李灵智,王磊,刘健,等,2013. 大西洋金枪鱼延绳钓渔场的地统计分析. 中国水产科学,20(1):199-205.

邱永松,曾晓光,陈涛,等,2008. 南海渔业资源与渔业管理. 北京:海洋出版社:3-115.

宋关福,钟耳顺,王尔琪,1998. WebGIS——基于Internet的地理信息系统. 中国图象图形学报(3):251-254.

杨胜龙,周为峰,伍玉梅,等,2011. 西北印度洋大眼金枪鱼渔场预报模型建立与模块开发. 水产科学,30(11):666-672.

袁轶,郑文锋,王绪本,2007. 基于GeoServer的WebGIS开发. 软件导刊(5):96-98.

周为峰,樊伟,崔雪森,等,2012. 基于贝叶斯概率的印度洋大眼金枪鱼渔场预报. 渔业信息与战略,27(3):214-218.

Dagorn L, Petit M, Stretta J M, 1997. Simulation of large-scale tropical tuna movements in relation with daily remote sensing data: the artificial life approach. Biosystems, 44(3): 167-180.

Dreyfus-Leon M, Kleiber P, 2001. A spatial individual behavior-based model approach of the yellowfin tuna fishery in the eastern Pacific Ocean. Ecological Modelling, 146(1-3): 47-56.

Gaertner D, Dreyfus-Leon M, 2004. Analysis of non-linear relationships between catch per unit effort and abundance in a tuna purse-seine fishery simulated with artificial neural networks. ICES Journal of Marine Science, 61(5): 812-820.

Georgakarakos S, Koutsoubas D, Valavanis V, 2006. Time series analysis and forecasting techniques applied on loliginid and ommastrephid landings in Greek waters. Fisheries Research, 78(1): 55-71.

Gratier T, Spencer P, Hazzard E, 2015. OpenLayers 3 beginner's guide. Birmingham: Packt Publishing Ltd.

Mathiyalagan V, Grunwald S, Reddy K R, et al., 2005. Application note: A WebGIS and geodatabase for Florida's wetlands. Computers & Electronics in Agriculture, 47(1): 69-75.

Zagaglia C R, Lorenzzetti J A, Stech J L, 2004. Remote sensing data and longline catches of yellowfin tuna (*Thunnus albacares*) in the equatorial Atlantic. Remote Sensing of Environment, 93(1-2): 267-281.

Zainuddin M, Saitoh K, Saitoh S I, 2008. Albacore (*Thunnus alalunga*) fishing ground in relation to oceanographic conditions in the western North Pacific Ocean using remotely sensed satellitedata. Fisheries Oceanography, 17(2): 61-73.

第11章 面向深远海渔业的南海台风风险评价

台风是发生在热带、副热带洋面上的暖性低压形成的热带气旋。台风对于海洋渔业有着严重影响，强烈的热带气旋会给所经路径带来狂风暴雨、巨浪和风暴潮，严重威胁沿海地区人民的生命财产和海上船舶的航行安全，是引起渔业灾害的主要原因之一。本章以空间位置为中心，通过对1980~2016年台风尺度数据进行处理并可视化，在网格化的海域上从多方面对南海渔场的台风风险进行分析。本章给出了台风中心分布、台风影响时长分布、台风风险分布，随年代、季节，以及厄尔尼诺或拉尼娜事件的相应空间变化，并得出结论：台湾南部渔场、东沙渔场、海南东南部渔场、中沙东部渔场台风风险较高，除这些渔场之外，南海其他海域的渔场台风风险较小，更加适合海场作业和海水养殖。

11.1 台风风险与渔业灾害

台风是海域自然环境中不可忽视的一部分，是重大自然灾害之一。根据自然资源部公布的海洋灾害公报，2019年各类海洋灾害中，单次灾害过程造成直接经济损失最严重的是1909“利奇马”，直接经济损失102.88亿元。另外，1918“米娜”及1907“韦帕”分别造成11.04亿元及2.25亿元的直接经济损失（自然资源部海洋预警监测司，2019）。海洋被称为“蓝色粮仓”，有巨大的渔业潜力，是人们所需蛋白质的重要供给来源，但是台风容易让海洋渔业遭受损失。根据《2019中国渔业统计年鉴》，2018年台风和洪涝造成了5万箱网箱损毁、868艘沉船、2 354艘船损，以及近38万吨水产品损失（农业农村部渔业渔政管理局，2019）。海洋渔业由海洋捕捞业和海水养殖业组成，为遏制不可持续的捕捞，我国制定了一系列渔业法规并同一些国家签署了相关协定。因此，海洋捕捞量呈逐年降低趋势，渔业劳动力和人们对渔业产品的需求使得海水养殖在海洋渔业中的比重逐年提升。海洋捕捞往往在渔船上进行，主要通过位置移动来躲避台风，而大多数海水养殖都是位置固定的，仅有养殖工船和升降式网箱可以在有限范围内采取机动避灾措施。因此对于海水养殖来说,所处位置的台风风险高低是将来承受台风破坏力大小的重要影响因素。

目前我国海水养殖业相较欧美和日韩国家来说还有很大差距,绝大多数是近岸养殖。由于近岸资源是有限的,选址着重考虑的是养殖品种与环境的适宜程度、建设和管理的难易程度、能否带动沿岸经济发展,以及能否更好地保护国家领土完整等(王凤霞等,2018),几乎不会考虑台风风险。近岸养殖有很大的局限性,而离岸养殖和深远海养殖受到和造成海洋环境污染的可能性小,养殖空间也足够广阔,有利于集约化生产和产品质量安全保障。联合国粮食及农业组织(FAO)的专家们一致认为,未来的水产养殖将主要扩展到海和洋面上,无疑离海岸更远,甚至可能远至公海(华敬炘,2017)。由于暴露于更大范围的风力和波浪活动,海水养殖需要有更健全的防风防灾机制。这不仅对养殖设施提出了更高的抗风浪要求,也产生了对海水养殖选址的新需求——除了海域水质、生物多样性等传统因素外,防台减灾也应充分考虑。

Bell 等(2000)定义了热带气旋累计能量(accumulated cyclone energy,ACE),ACE 在大小上等于某区域内所有强度大于等于热带风暴的热带气旋在一定研究时段内每 6 h 最大风速的平方和(曹智露等,2013)。有学者(孙行知等,2017)在此基础上构建了新气旋累计能量(scaled accumulated cyclone energy,SACE)指数,通过引入热带气旋尺度信息,改进了对热带气旋能量的描述方法。然而,目前为止对热带气旋的能量评估都是以时间为中心的,且覆盖范围非常广阔,可认为得到的 ACE 值与具体的空间无关,因此无法应用于评估海面上某位置的台风风险。本章旨在根据历史台风数据建立一个以空间位置为中心的台风风险评估模型,进而为海水选址提出防台方面的建议。

南海航道是世界上最繁忙的航道之一,至少有超过 37 条世界交通航线通过该海域;南海海域每年约有 4.1 万艘以上船舶通过,世界上一半以上的大中型商船和超级邮轮航经该海域。南海海域内多处渔场是中国渔民传统生产的作业区域。北部大陆架已有记录的鱼类有 1 064 种,虾类有 135 种,头足类有 73 种;本海区海洋捕捞渔获量 80%来自南海北部沿岸近海水域。研究南海台风分布在经济、交通、渔业等方面都有重要意义。

11.2 数据与方法

11.2.1 数据来源

陆地台风风险评估方法一般来说无法直接适用于海域。陆地上能够以

GDP、城市建筑、土地类型、路网、电网等承灾体作为研究对象，且相关损失的历史资料充足。而海域已有的位置固定的承灾体呈稀疏的点状分布，在更广阔的海域存在着台风强但无损失的现象。

表 11－1　热带气旋尺度数据集表头及示例数据

YYYYNNMMDDHH	LAT	LONG	PRS	WND	SiR34	SATSer
198003040518	13.16	177.34	990	24.3	137.7	GOE－3

本章所用数据集如表 11－1 所示，是由中国气象局热带气旋资料中心(http://tcdata.typhoon.org.cn/)提供的 1980～2016 年热带气旋尺度资料(Xiaoqin et al.，2017)，其中各字段含义分别为时间及序号、中心纬度、中心经度、中心最低气压、近中心最大风速、热带气旋尺度(34 海里/h 风圈半径，该速度约等于 17.2 m/s)、反演卫星。该资料在 0 时、6 时、12 时、18 时(世界时)采集数据，并剔除了热带低压级别以下的点。当下绝大部分海水养殖设施都能抵抗热带低压及以下级别的热带气旋，因此在研究海水养殖选址问题上使用该数据集是合理的。

11.2.2　台风风险数值定义

研究某海域台风的风险需要考虑两个方面：一方面是单位时间内受到台风影响的强度；另一方面是受到台风影响的时长。国际上热带气旋强度划分是基于近中心最大风速的，所以本章沿用风速来说明台风对海域的影响强度。而数据的采样间隔为 6 h，可以假设每个记录点意味着对附近海域有 6 h 的影响时长，从而求得海域在一段时间内受到台风影响的总时长。

记目标时段内评估区域内所有网格受台风影响总时长为 D，记目标时段内评估区域内所有网格受台风影响风速累计值为 Q，将该海域台风风险数值 R 定义为

$$R = D \times Q \tag{11.1}$$

11.2.3　技术路线

技术路线如图 11－1 所示。

本章提出一种以网格化空间为中心的台风评估算法，采用 Python 语言对台风数据进行处理和计算，将所得数据在 Access 数据库中与海域网格相连接，最后通过 ArcGIS 软件进行可视化。为拓展该算法的意义，除台风风险数值的分析外，还结合台风中心频次和台风影响时长进行比较分析，研究台风在不同情

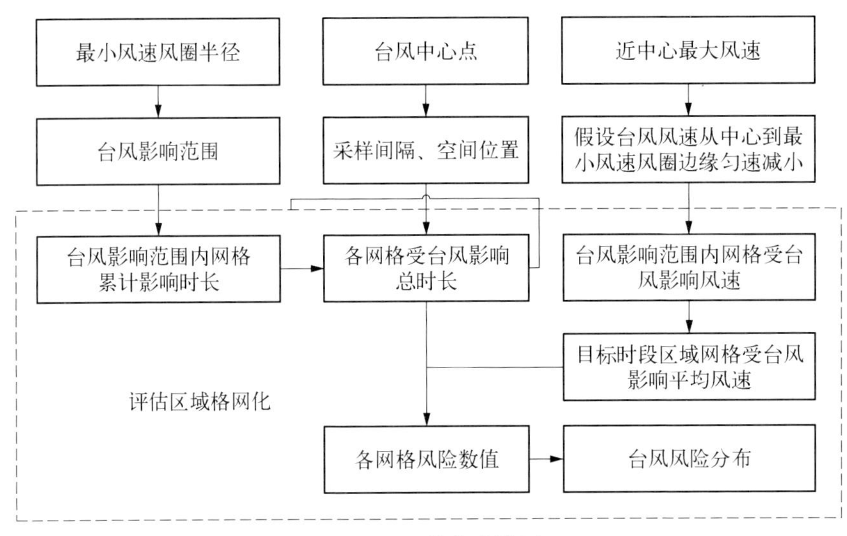

图 11-1　技术路线图

况下的分布特点。

可视化过程中,使用地理数据分类研究中常用的自然断点分级方法,对台风中心频次、台风影响时长、台风风险数值进行分级,以达到组间方差最大、组内方差最小的效果(侯娟等,2020),实验表明分为 7 级有较好的视觉效果。

11.2.4　研究方法

1. 预处理

将评估海域按一定经纬度格网大小划分格网,经纬度网格大小 S 设置为 0.5°。d_0 为经纬度网格大小 S 对应大约公里数,为便于处理原数据中的经纬度、公里数,考虑台风中心高频出现的纬度范围,将经纬 1°合理假设为 100 km,因此 d_0 对应 50 km。南海评估区域记为 G,G 中任意网格表示为(x,y),x 和 y 分别是该网格对应的经向和纬向的行列号。

2. 台风中心频次

根据历史台风数据,统计每个海域网格中的台风中心数目,记 $T(x,y)$ 为任意(x,y)网格中落入的台风中心点个数。

3. 台风影响时长

记台风风圈的边界风速为 v_0,台风中心至速度 v_0 风圈的半径公里数为 SiR,将台风中心至风圈边界的风速变化视作均匀递减。目标时间段内台风记录数为 N,应用其中第 i 条记录做以下处理。

将热带气旋尺度数据中原始台风中心点所落网格记为(j,k),j 和 k 分别是台风中心点所落网格对应评估区域格网中的经向和纬向行列号。SiN_i 为网格(j,k)周围以网格宽度 d_0 为单位的风圈圈数。

$$SiN_i = \begin{cases} \left[\dfrac{SiR_i - d_0/2}{d}\right] + 1, \mathrm{mod}[SiR_i, d] \neq 0 \\ \dfrac{SiR_i - d_0/2}{d}, \mathrm{mod}[SiR_i, d] = 0 \end{cases}$$

第 i 条台风记录影响范围内网格(m,n)都受到 6 h 台风影响,j 和 k 分别是台风中心点所落网格对应评估区域格网中的经向和纬向行列号。

$$P_i(m,n) = \begin{cases} 6, |m-j| \leqslant SiN_i \text{ 且 } |n-k| \leqslant SiN_i \\ 0, \text{其他} \end{cases}$$

$D(x,y)$为目标时段内评估区域内所有网格受台风影响总时长。

$$D(x,y) = \sum_{i=1}^{N} P_i(m,n)$$

4. 台风风险数值

WND_i 为台风近中心的最大风速,单次台风随风圈大小变化的风速衰减速率 AVE_i 计算如下:

$$AVE_i = \frac{WND_i - v_0}{SiN_i}$$

$Q(x,y)$为目标时段内评估区域内所有网格受台风影响风速累计值,即目标时段内网格受到的台风影响强度。j 和 k 分别是台风中心点所落网格对应评估区域格网中的经向和纬向行列号。(m,n)为第 i 条台风记录影响范围内网格,m 和 n 分别是该范围内网格经向和纬向行列号。

$$V_i(m,n) = \begin{cases} v_0 + [SiN_i - \max\{|m-j|, |n-k|\}] \times AVE_i, \\ \qquad |m-j| \leqslant SiN_i \text{ 且 } |n-k| \leqslant SiN_i \\ 0, \text{其他} \end{cases}$$

$$Q(x,y) = \sum_{i=1}^{N} V_i(m,n)$$

将评估区域 G 中所有网格(x,y)目标时段内受到的台风影响总时长与对应台风影响强度相乘得到 $R(x,y)$,此为 (x,y) 网格的台风风险数值。

$$R(x,y) = D(x,y) \times Q(x,y)$$

11.3 结果与分析

以 2010~2016 年台风数据为例,T(台风中心频次)、D、R 的可视化效果如图 11-2 所示。图 11-2(a)和(b)的黑色矩形框 A 与 B 分别标识位置相对应的海域,可以看出台风中心频次低的 A 海域实际被台风影响的时间比台风中心频次更高的 B 海域要长。图 11-2(b)和(c)的黑色圆形框标识同一片海域,可以看出台风影响时长较长的海域中也能出现台风风险较低的情况。

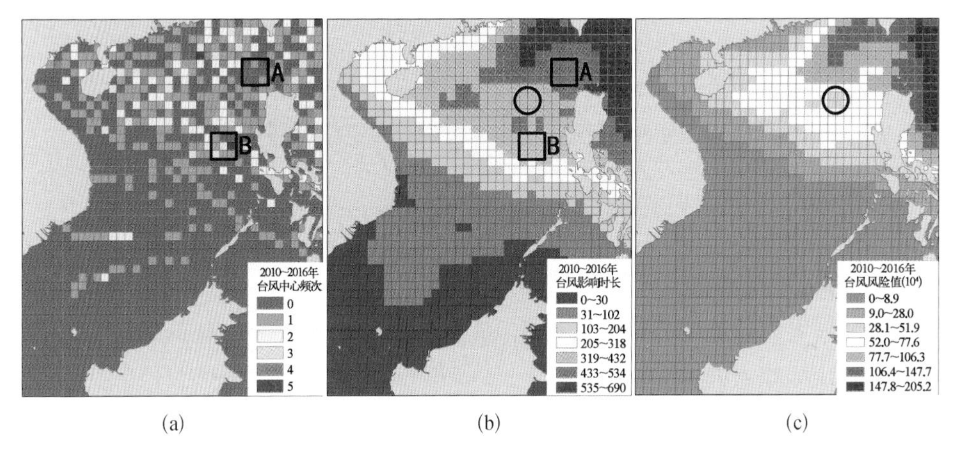

图 11-2 台风中心频次(a)、影响时长(b)、风险数值(c)示意图(2010~2016 年)

显然,台风中心频次分布并不能很好地反映台风影响时长分布,同时台风影响时长和台风风险高低也不是一一对应的关系。因此,有必要进一步分析台风在不同时段内的多方面分布特点。

11.3.1 年代变化

已有研究表明,环流、气压、大气视热源和视水汽汇等因素的年代际变化与登陆中国的台风频数之间具有相关性(张庆云等,2008)。

从图 11-3 的台风中心频次分布可以看出,橙红色和红色的高频网格有向东北方向移动的趋势。从图 11-4 台风影响时长分布可以看出,20 世纪 80 年代南海中北部影响时长最长,90 年代南海北部影响时长最长,到了 21 世纪初,由于台风影响继续北移,南海台风影响时长明显降低。由图 11-5 可知,随着年代发展,台风风险分布大致同影响时长分布变化一致,此外,21 世纪初我国南海海域台风风险相比前 20 年明显降低。

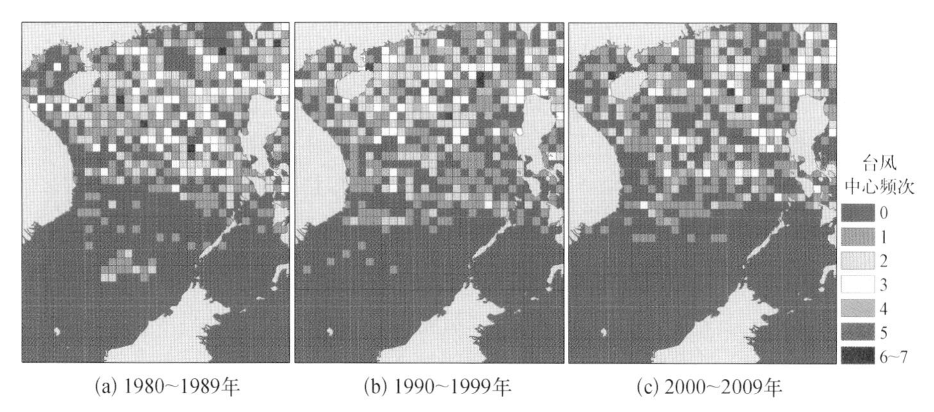

(a) 1980~1989年　(b) 1990~1999年　(c) 2000~2009年

图 11－3　台风中心频次分布

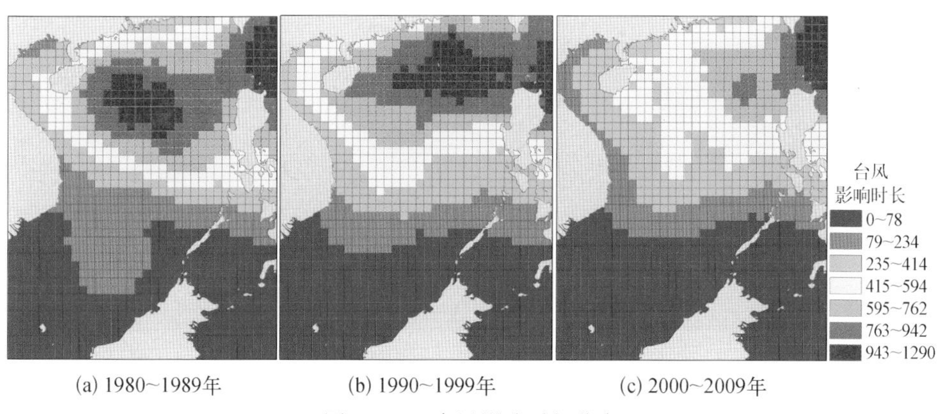

(a) 1980~1989年　(b) 1990~1999年　(c) 2000~2009年

图 11－4　台风影响时长分布

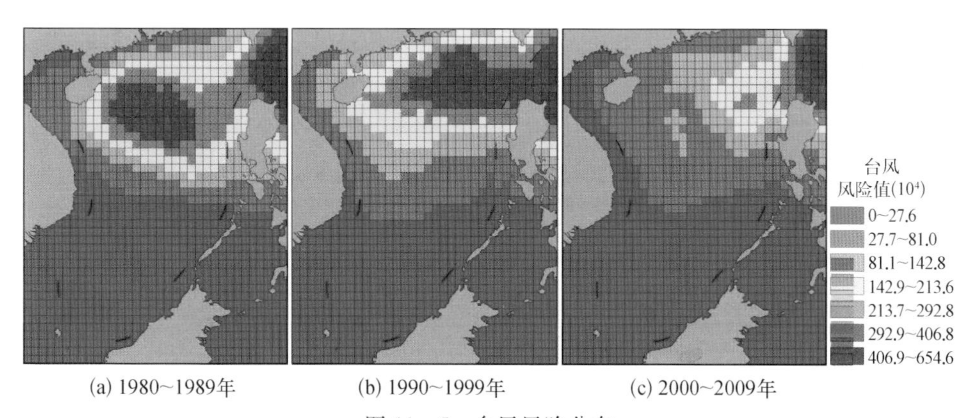

(a) 1980~1989年　(b) 1990~1999年　(c) 2000~2009年

图 11－5　台风风险分布

11.3.2 季节变化

热带大气季节内振荡对西太平洋台风的生成数目和路径都有影响(李崇银等,2014),人们也能从日常生活中感知到台风的生成和登陆情况随着季节更替变化。

按照3~5月为春季,6~8月为夏季,9~11月为秋季,12月至次年2月为冬季,分析南海台风的季节变化。由图11-6~图11-8可知,不论是台风的中心频次、影响时长还是风险数值,都随季节有着显著变化,空间上都呈从春到冬先北移再南移的过程,其中夏季台风范围到达最北。如图11-6所示,台风中心在春季时稀疏遍布于南海海域;夏秋两季最为密集,尤其是在南海北部和中部;冬季台风最少,且集中于南海中南部。如图11-7所示,台风影响时长在冬春两季最短,在夏秋两季最长;夏秋两季台风影响时长方面无明显数值区别,但是有空间分布上的差异,例如,我国东南沿岸带状区域的台风影响时长,秋季要少于夏季。如图11-8所示,台风风险方面,冬春两季我国海域台风风险很小,总

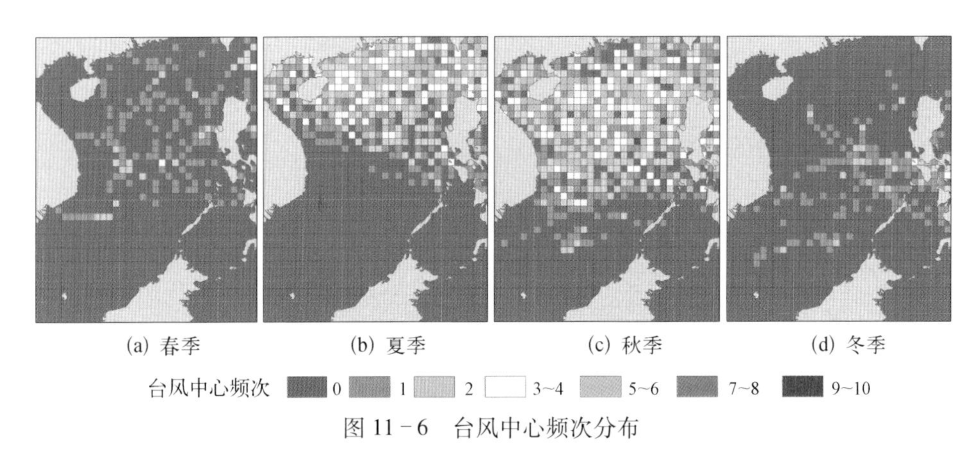

图11-6 台风中心频次分布

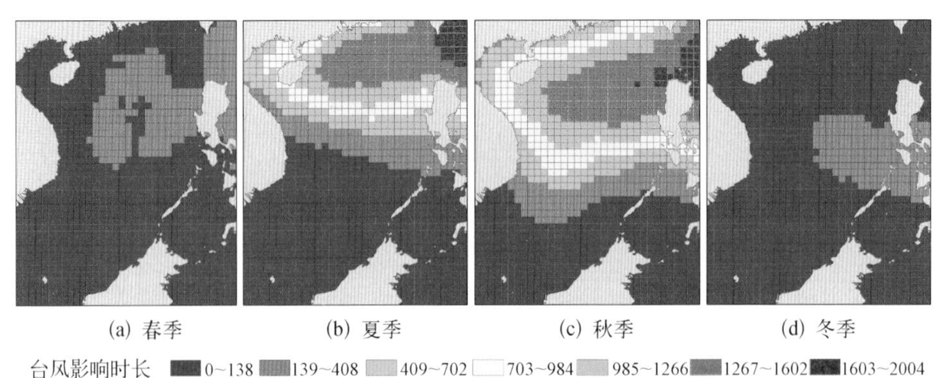

图11-7 台风影响时长分布

体上看秋季会比夏季风险高一些，但是秋季的高风险区域相比夏季更远离我国海岸。

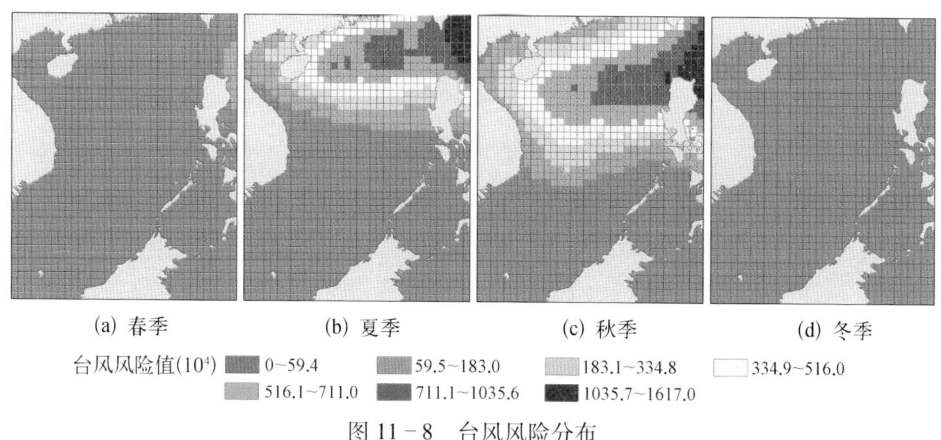

图 11－8　台风风险分布

11.3.3　异常年份

厄尔尼诺(El Niño)是一种 SST 异常上升事件，能够大规模影响整个太平洋并使世界气候模式发生变化；拉尼娜(La Niña)与其异常增暖现象相反，使 SST 异常变冷，也被称为“反厄尔尼诺”(陈亮亮，2020)。全球 SST 异常是造成我国气候异常的重要原因之一，已有相关研究表明厄尔尼诺和拉尼娜事件对热带气旋活动有重要影响(冯涛等，2013；贾小龙等，2011)。1980~2016 年，厄尔尼诺年为 1882 年、1987 年、1992 年、1994 年、1997 年、2002 年、2004 年、2009 年、2015 年；拉尼娜年为 1984 年、1988 年、1995 年、1999 年、2008 年、2010 年、2011 年、2016 年(王文秀等，2018)。分析过程所用到的年份数据中厄尔尼诺年与拉尼娜年均为 8 年，舍去较为久远的 1882 年数据。

从图 11－9~图 11－11 可以看出，厄尔尼诺年和拉尼娜年台风有着显著区别。如图 11－9 所示，厄尔尼诺年台风频次明显多于拉尼娜年，且台风中心更多分布于菲律宾群岛东侧，而拉尼娜年台风中心集中在台湾岛和菲律宾群岛西侧。台风影响时长方面，从图 11－10 可以看出，影响时长在 91 h 以上的南海海域，厄尔尼诺年范围与拉尼娜年范围大小相近；但是对于南海而言，厄尔尼诺年仅部分区域有 367~522 h 影响时长，无超过 523 h 影响时长的海域，而拉尼娜年南海有很广阔的海域影响时长在 367 h 以上，且范围较大的海域有超过 523 h 台风影响。如图 11－11 所示，从台风风险方面看，虽然一般来说太平洋上厄尔尼诺年台风影响要强于拉尼娜年,但就南海海域而言,厄尔尼诺年台风风险却是明显低于拉尼娜年的。仿佛在台湾岛和菲律宾群岛连线附近有“阀门”,厄尔尼诺年“阀门”将台风风险关在东面,而拉尼娜年打开“阀门”将台风风险放进西面,让南海北部成为高台风风险海域。

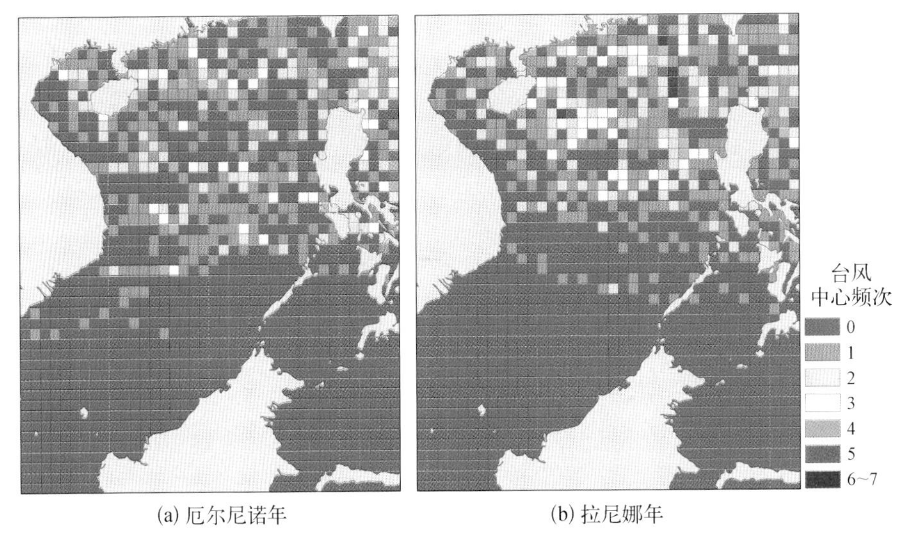

图 11-9　台风中心频次分布

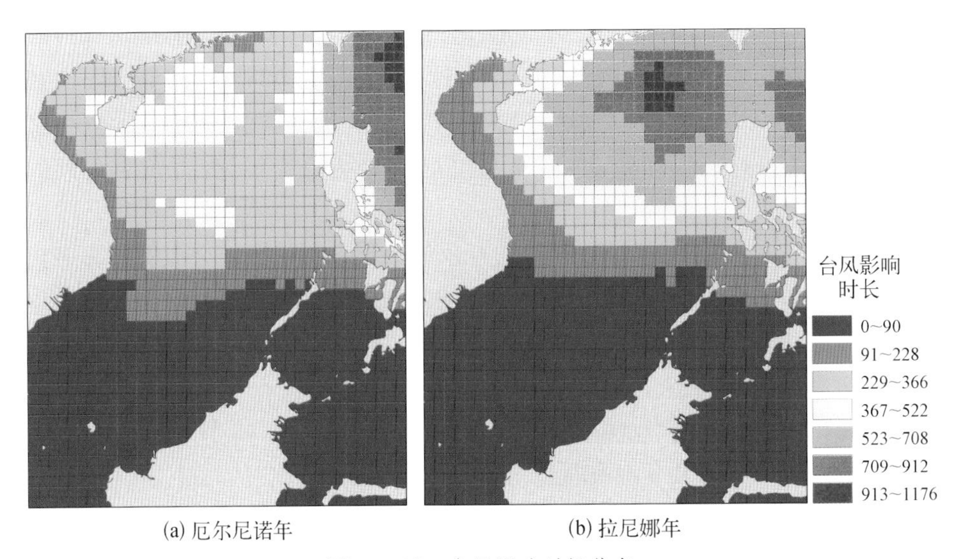

图 11-10　台风影响时长分布

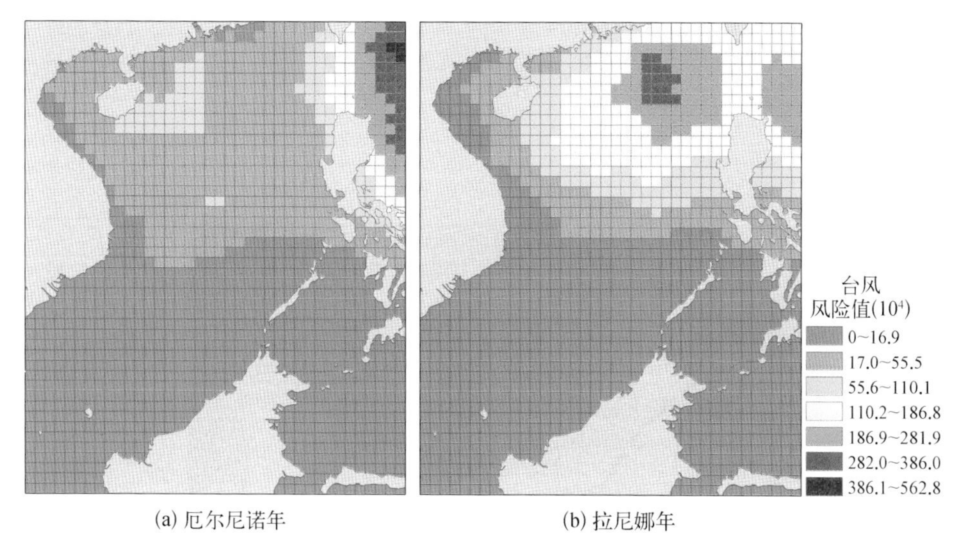

(a) 厄尔尼诺年　　(b) 拉尼娜年

图 11－11　台风风险分布

11.3.4　台风风险渔场分区统计

使用 1980~2016 年所有台风尺度数据可以得到如图 11－12 所示的南海台风风险分布情况。从图中可以看出，南海南部海域的台风风险明显低于其他海域，如果在这些区域进行海水养殖，有利于减少台风损失、提高生产效率。

图 11－13 所示为南海渔场台风风险数值箱线图。可以看出，南海北部是我国台风风险较高的海域，沿岸渔场的台风风险比远海渔场的台风风险要低。就南海而言，若要在台湾南部渔场、东沙渔场、海南岛东南部渔场、中沙东部渔场这些远离海岸的海域实施海水养殖，那么养殖设施的抗台风性能、避台措施应该着重考虑。

11.4　结论与展望

本章通过对台风尺度数据进行处理并可视化，从多方面对台风空间分布进行了分析，结果显示：

（1）台风中心分布、台风影响时长分布、台风风险分布，随着年代、季节，以及厄尔尼诺或拉尼娜事件有相应变化。

（2）南海海域，除了台湾南部渔场、东沙渔场、海南岛东南部渔场、中沙东部渔场外，其他海域的渔场台风风险较小，适合海场作业和海水养殖。

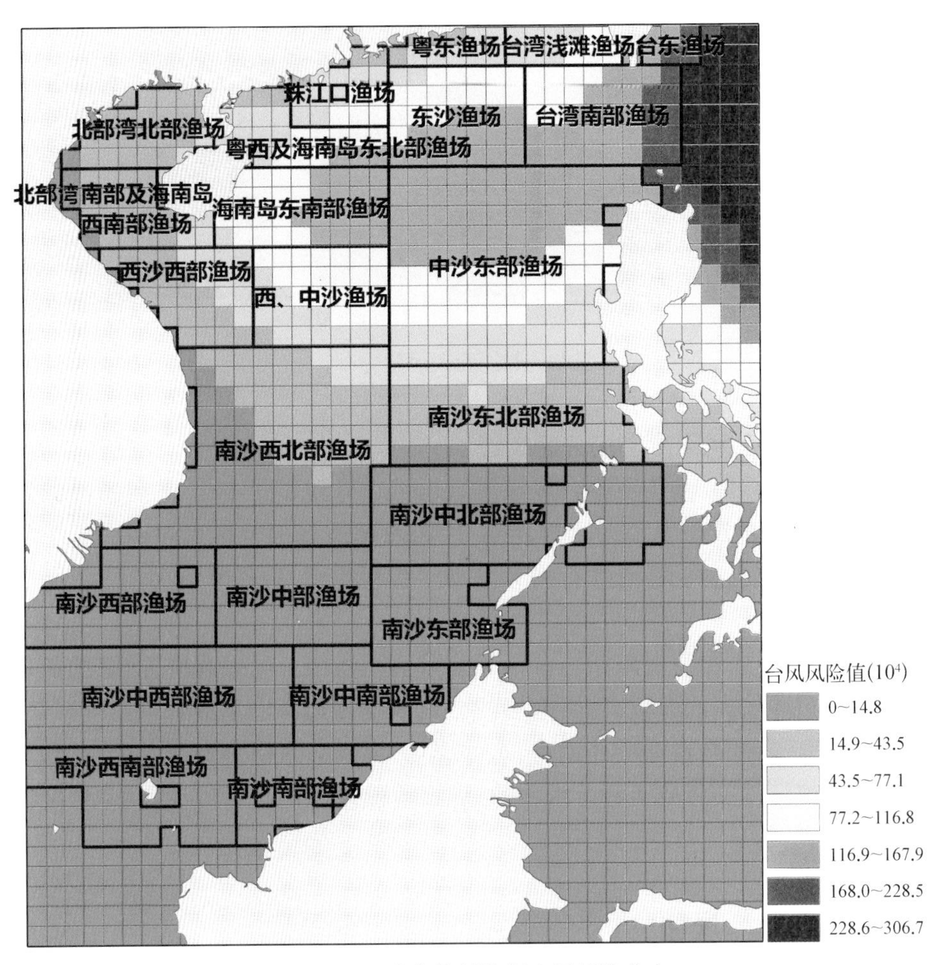

图 11－12　南海海域渔场台风风险分布

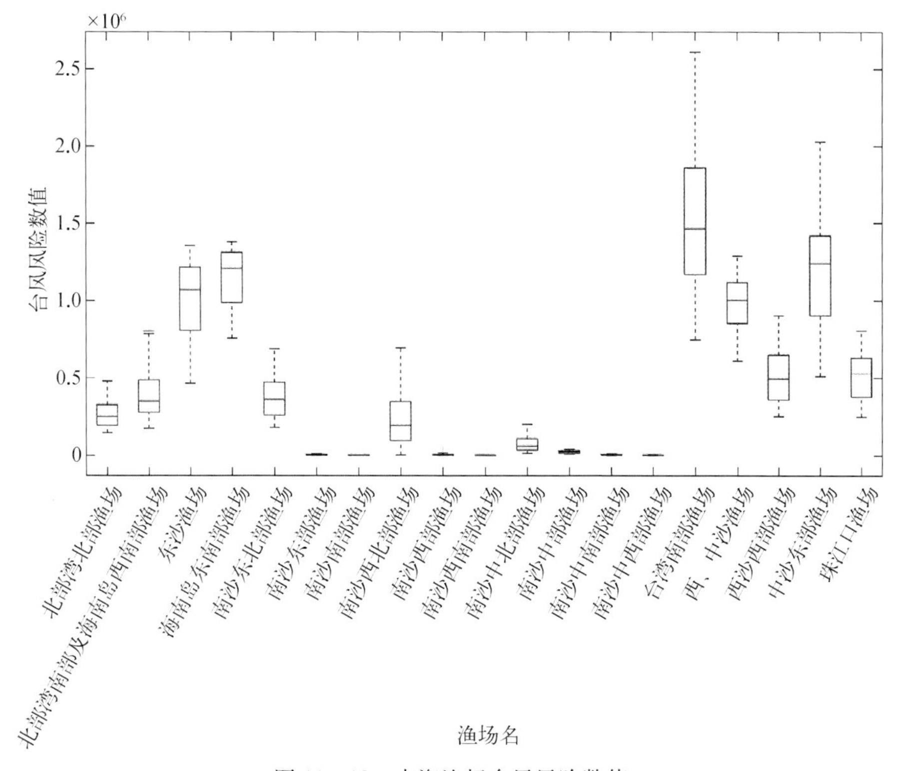

图 11 - 13　南海渔场台风风险数值

海水养殖在保障国家粮食安全和营养方面具有非常重要的作用,已有学者通过对各物种生长耐温范围和海表温度的匹配,对中国深远海养殖潜力进行了空间分析(侯娟等,2020)。海洋空间非常辽阔,相关部门或企业可以将养殖潜力与台风风险等因素综合考虑,选取适合海水养殖的海域进行布局以及实施生产。

参考文献

曹智露,胡邦辉,杨修群,等,2013. ENSO 事件对西北太平洋热带气旋影响的分级研究. 海洋学报(中文版),35(2): 21 - 34.

陈亮亮,2020. 中西太平洋温跃层的可视化研究. 舟山: 浙江海洋大学.

冯涛,黄荣辉,陈光华,等,2013. 近年来关于西北太平洋热带气旋和台风活动的气候学研究进展. 大气科学,37(2): 364 - 382.

侯娟,周为峰,王鲁民,等,2020. 中国深远海养殖潜力的空间分析. 资源科学,42(7): 1325 - 1337.

华敬炘,2017. 渔业法学通论. 青岛: 中国海洋大学出版社.

贾小龙,陈丽娟,龚振淞,等,2011. 2010 年海洋和大气环流异常及对中国气候的影响. 气象,

37(4): 446-453.
李崇银,凌健,宋洁,等,2014. 中国热带大气季节内振荡研究进展. 气象学报,72(5): 817-834.
农业农村部渔业渔政管理局,2019. 2019 中国渔业统计年鉴. 北京: 中国农业出版社.
孙行知,钟中,卢伟,等,2017. 基于改进的累积气旋能量指数评估西北太平洋 TC 活动与 ENSO 的关系. 气象科学,37(5): 579-586.
王凤霞,张珊,2018. 海洋牧场概论. 北京: 科学出版社.
王文秀,林燕丹,许桂旋,等,2018. 1951~2016 年厄尔尼诺/拉尼娜事件对登陆华南地区台风的影响. 亚热带水土保持,30(2): 13-19.
张庆云,陶诗言,彭京备,2008. 我国灾害性天气气候事件成因机理的研究进展. 大气科学,32(4): 815-825.
自然资源部海洋预警监测司,2020. 2019 年中国海洋灾害公报. http://www.nmdis.org.cn/hygb/zghyzhgb/2019nzghyzhgb/[2021-07-25].
Bell G D, Halpert M S, Schnell R C, et al., 2000. Climate assessment for 1999. Bulletin of the American Meteorological Society, 81(6): S1-S50.
Lu X, Yu H, Yang X, et al., 2017. Estimating tropical cyclone size in the northwestern Pacific from geostationary satellite infrared images. Remote Sening, 9(7): 728.

第12章 基于层叠框架的南海渔区格网编码设计

南海地处热带、亚热带,位于2°30′N~23°35′N,100°E~121°50′E,面积约3.56×10^6 km^2,是亚太地区面积最大、周边国家最多的海区。南海北面是中国大陆,东临菲律宾群岛,南面是加里曼丹与苏门答腊群岛,西面是中南半岛,有"远东十字路口"之称。南海海岸线蜿蜒曲折,自然条件优越,渔业生态环境多样,海洋生物资源丰富,长期以来形成了众多的捕捞渔场。

南海优越的自然条件孕育了丰富的水产资源,是世界浅水海洋生物高度集中的海域,也是商业性开发种类最多的海域之一。20世纪60年代,海上捕鱼技术和船队,特别是远洋渔船队有了很大发展。全世界捕鱼量在1950年为2.0×10^7 t,到1970年已高达6.9×10^7 t。随着渔业的发展,很多海域的渔业资源有枯竭之虞。沿海国为了保护沿海渔业资源,积极谋求将沿海渔业资源置于本国管理之下。70年代初,多国出现了进一步扩大专属渔区的要求。因此,为有序开发、合理利用和科学管理南海海洋生态环境和生物资源,维护我国海洋权益和渔业经济利益,促进南海海洋渔业可持续发展,迫切需要对南海渔业资源及其管理进行全面系统的评价和分析。传统上,我国将海洋水域按经纬度划分为若干个渔区并进行顺序标号,存在着与地理空间的直接对应关系比较弱、使用固定分辨率未考虑渔区管理对象的分布特征等问题。渔区的划分与管理要以服务渔业管理、便于渔获量地理分布的空间统计为目的,能够通过对捕捞生产水域的区域划分,方便渔获量和捕捞作业位置的记录以及对渔船作业的指挥和调度。

12.1 南海渔船管理问题提出的背景

南海是我国四大海域(渤海、黄海、东海、南海)中面积最广的海域,是位居世界第三的陆缘海。随着国民经济的逐渐增长,人民物质生活水平的提高,民众对海产品的需求慢慢加大,渔业也得到了迅速发展。由此,渔船的数量也渐渐增加,但一些安全与可持续发展问题也随之而来,如"三无渔船"的存在、过度捕捞、违规捕鱼等都对渔业资源的可持续发展带来了极大的负面影响。因此,加强对南海捕捞渔船的管理刻不容缓。

南海是渔产品的重要捕捞区。目前,已有学者对南海渔船的监管进行了研究,臧卫东(1992)提出一种船位动态跟踪标绘程序设计方法,以进一步增强航运调度和安全监督指挥的业务能力,但其需要实时动态访问数据库,且数据量大,需要每天把跟踪船的最新动态记录到跟踪数据库中,对存储空间消耗过大。我国对船位的管理除了船位动态跟踪外,还开发了船位监控系统(vessel monitoring system,VMS),同时使用船舶自动识别系统(automatic indentification system,AIS)。郭刚刚等(2016)对VMS数据挖掘与应用研究进展进行了分析,VMS记录了渔船实时的船位、航速、航向等动态信息,已被广泛应用于海洋渔业的诸多领域。研究人员对VMS数据在捕捞努力量估算、渔民行为特点和渔场分析、捕捞活动对海洋生态环境影响等方面的研究进行了归纳总结,但未对船位数据的组织和管理的进展进行研究和分析。此外,2020年我国已建成覆盖全球的北斗卫星导航系统,北斗数据具有极高的时空精度,北斗大数据的分析和挖掘将在渔业安全、应急救援、环境监测、信息化服务等方面极大地推动我国海洋事业的发展。综上所述,南海的船位管理需要考虑以下几个方面问题:① 存储空间占用问题。随着卫星遥感的发展,船位数据获取越来越容易,同时也伴随着有限存储空间无法很好满足海量船位数据的存储、组织和管理等问题。② 基于渔区进行船位管理。对捕捞生产水域进行区域划分,方便渔获产量和捕捞作业位置的记录以及对渔船生产的指挥和调度。③ 根据实际管理需求划分不同分辨率的渔区。南海海域渔船在地理空间分布上存在着疏密程度不同的特点。根据渔区所辖船位数据均衡的管理需求,渔船分布密集的区域需要进行更高分辨率的渔区划分,而渔船分布稀疏的区域则较低分辨率的渔区划分即可满足管理的需求。为了实现按需划分、有效管理,从疏到密设置从低到高不同分辨率/精度(2°×2°、1°×1°、0.5°×0.5°、10′×10′)的渔区格网,以便针对不同的渔船分布特征选择适用的格网尺度,即渔区管理单元。

12.2 现有渔区划分方式的不足

目前,我国渔区划分主要是以经纬度各30′(0.5°×0.5°)范围为一个渔区。每个渔区根据从北到南和由西向东的顺序给予顺序编号。然而,我国渔区的划分和编号方式存在以下不足:① 与地理空间的直接对应关系比较弱,不利于基于地理空间格网来实施对海洋渔业的管理;② 使用固定分辨率来划分渔区,未考虑渔区管理可能存在不同空间尺度的需求;③ 未考虑渔区管理对象的分布特征,导致同一层级格网之间的数据量不均衡,引起格网中稠疏数据的管理和统计效率不高;④ 现有的渔区编号以从北至南从西至东的顺序编号方式进行,当只给出单一编号时则无法直接体现出其实际的空间经纬度信息,以及与邻近渔区的空间关系或邻近等级划分的渔区关系。

南海是亚太地区经济发展最具活力和潜力的地区之一,同时,根据四大海域实际空间范围,按照不同空间分辨率分别统计各个渔区数目,可知:按照0.5°划分渔区,渤海划分得到49个渔区,黄海划分得到168个渔区,东海划分得到244个渔区,南海划分得到793个渔区;按照1°划分渔区,渤海划分得到17个渔区,黄海划分得到53个渔区,东海划分得到77个渔区,南海划分得到220个渔区;按照2°划分渔区,渤海划分得到8个渔区,黄海划分得到17个渔区,东海划分得到26个渔区,南海划分得到65个渔区。因此,南海是四大海域中渔区数量最多的海域,为了便于基于地理空间格网实施对南海渔业的管理,对南海海域渔区层叠嵌套编码,即对不同等级划分后的渔区进行编码,使得渔区的编码不仅体现地理空间信息,同时根据不同的编码长度判断渔区划分的层级。

12.3　基于层叠框架的南海渔区格网编码

对南海海域空间范围内渔区格网的划分主要包括以下步骤:

(1) 根据南海海域空间分布范围,研究所需覆盖的经纬度范围为:105°E~122°E,2°N~24°N。

(2) 兼顾南海海区复杂的渔船作业分布状况和已有渔区划分的现状,渔区层级的格网分辨率分别设为2°×2°、1°×1°、0.5°×0.5°以及10′×10′(图12-1~图12-4)。

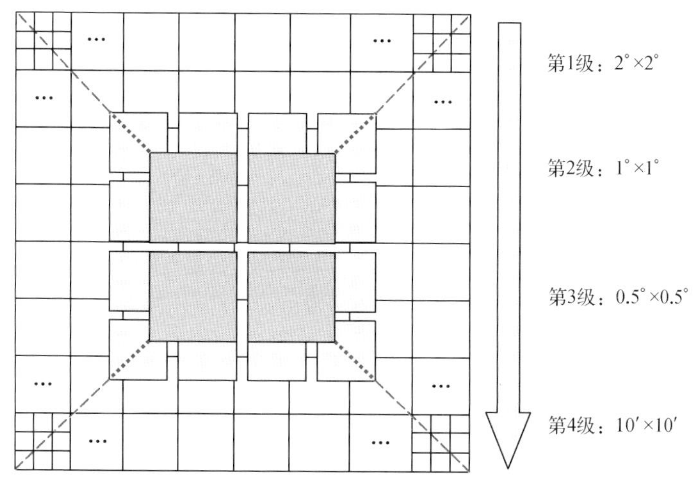

图12-1　不同分辨率下渔区格网划分层叠嵌套图

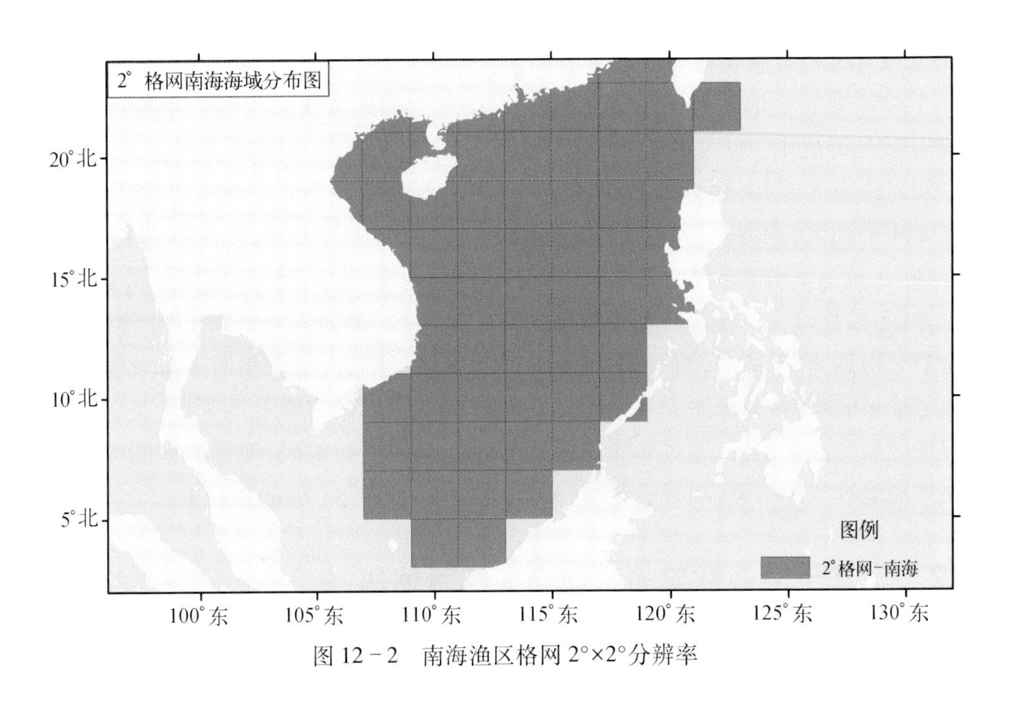

图 12－2　南海渔区格网 2°×2°分辨率

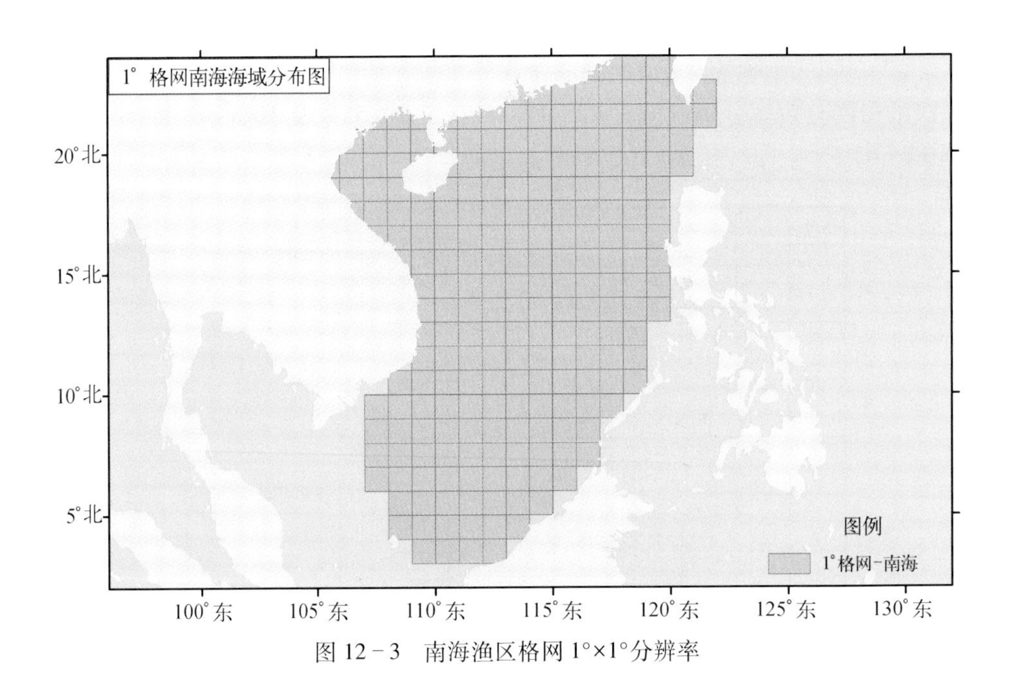

图 12－3　南海渔区格网 1°×1°分辨率

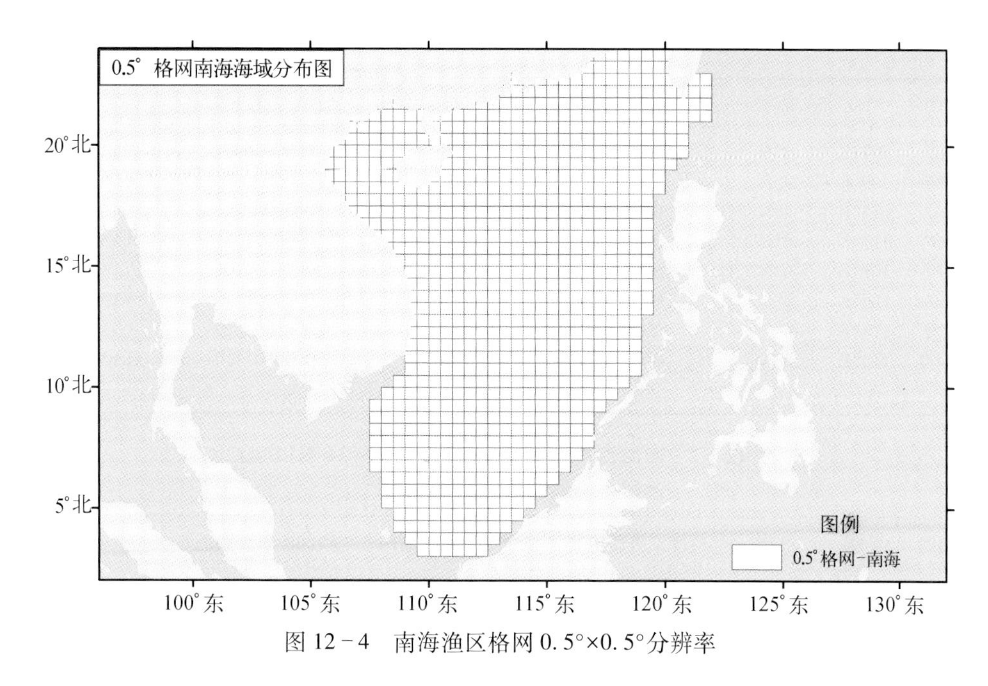

图 12－4　南海渔区格网 0.5°×0.5°分辨率

(3) 通过二分法分别将空间范围(105°E～169°E,0°～64°N)按经向(东西向)和纬向(南北向)进行二分,经向上,位于二分线以东(右)的格网编码为 1,位于二分线以西(左)的格网编码为 0;纬向上,位于二分线以北(上)的格网编码为 1,位于二分线以南(下)的格网编码为 0。在划分后的格网空间内进行下一层的二分格网划分。

(4) 对渔区格网分别进行 5 次、6 次、7 次及 8 次剖分,依次得到分辨率为 2°×2°、1°×1°、0.5°×0.5°及 10′×10′不同层级的格网,具体为:① 2°×2°,经纬度重组编码位数为 10,对应字符编码为 5 位(表 12－1)。② 1°×1°,经纬度重组编码位数为 12,对应字符编码为 6 位(表 12－2)。③ 0.5°×0.5°,经纬度重组编码位数为 14,对应字符编码为 7 位(表 12－3)。④ 10′×10′,在③形成的字符编码后加上对应的小渔区数字编码,即 1～9(表 12－4)。

(5) 根据南海海域实际空间范围选取出对应渔区,得到 2°×2°、1°×1°、0.5°×0.5°及 10′×10′南海海域渔区编码表(表 12－1～表 12－4)。

表 12－1　南海海域(105°E～122°E,2°N～24°N)2°×2°分辨率格网的二进制编码表

ID	经度	纬度	经度二进制编码	纬度二进制编码	经纬度重组编码	字符编码
34	109°E	2°N	00001	00000	0000000010	AAAAC
35	111°E	2°N	00010	00000	0000001000	AAACA

（续表）

ID	经度	纬度	经度二进制编码	纬度二进制编码	经纬度重组编码	字符编码
65	107°E	4°N	00000	00001	0000000001	AAAAB
66	109°E	4°N	00001	00001	0000000011	AAAAD
67	111°E	4°N	00010	00001	0000001001	AAACB
68	113°E	4°N	00011	00001	0000001011	AAACD
97	107°E	6°N	00000	00010	0000000100	AAABA
98	109°E	6°N	00001	00010	0000000110	AAABC
99	111°E	6°N	00010	00010	0000001100	AAADA
100	113°E	6°N	00011	00010	0000001110	AAADC
⋮	⋮	⋮	⋮	⋮	⋮	⋮

表 12－2　南海海域（105°E～122°E，2°N～24°N）1°×1°分辨率格网的二进制编码表

ID	经度	纬度	经度二进制编码	纬度二进制编码	经纬度重组编码	字符编码
133	110°E	2°N	000100	000001	000000100001	AAACAB
196	109°E	3°N	000011	000010	000000001110	AAAADC
197	110°E	3°N	000100	000010	000000100100	AAACBA
198	111°E	3°N	000101	000010	000000100110	AAACBC
199	112°E	3°N	000110	000010	000000101100	AAACDA
259	108°E	4°N	000010	000011	000000001101	AAAADB
260	109°E	4°N	000011	000011	000000001111	AAAADD
261	110°E	4°N	000100	000011	000000100101	AAACBB
262	111°E	4°N	000101	000011	000000100111	AAACBD
263	112°E	4°N	000110	000011	000000101101	AAACDB
⋮	⋮	⋮	⋮	⋮	⋮	⋮

表 12－3　南海海域（105°E～122°E，2°N～24°N）0.5°×0.5°分辨率格网的二进制编码表

ID	经度	纬度	经度二进制编码	纬度二进制编码	经纬度重组编码	字符编码
651	110.5°E	2.5°N	000101	0000100	00000010011000	AAACBCA
777	109.5°E	3°N	000100	0000101	00000010010001	AAACBAB
778	110°E	3°N	000100	0000101	00000010010011	AAACBAD
779	110.5°E	3°N	000101	0000101	00000010011001	AAACBCB
780	111°E	3°N	000101	0000101	00000010011011	AAACBCD
781	111.5°E	3°N	000110	0000101	00000010110001	AAACDAB
782	112°E	3°N	000110	0000101	00000010110011	AAACDAD
904	109°E	3.5°N	000011	0000110	00000000111110	AAAADDC
905	109.5°E	3.5°N	000100	0000110	00000010010100	AAACBBA
906	110°E	3.5°N	000100	0000110	00000010010110	AAACBBC
⋮	⋮	⋮	⋮	⋮	⋮	⋮

表 12-4　10′×10′分辨率的小渔区数字编码表

\$1	\$2	\$3
\$4	\$5	\$6
\$7	\$8	\$9

注：\$ 表示 0.5°×0.5°形成的字符编码。

参考文献

郭刚刚，樊伟，张胜茂，等，2016 船位监控系统数据挖掘与应用研究进展. 海洋渔业，38(2)：217-224.

臧卫东，1992. 船位动态跟踪标绘程序设计. 交通信息与安全(1)：35-39.